U0137631

常见水生物种

柔软又美丽的海蛞蝓

海蛞蝓种类繁多（包括海兔和海牛等），形态各异，运动时身体可变形。它们大部分体型较小，海牛有2只触角，而海兔有4只触角，它们的触角能感知海水温度、深度。大部分海蛞蝓的壳退化，只有一小部分海蛞蝓残存角质膜。身体色彩鲜艳，因所食对象和所处环境不同会有各种不同颜色，多以藻类、水母、海葵、海绵、水螅等生物为食。

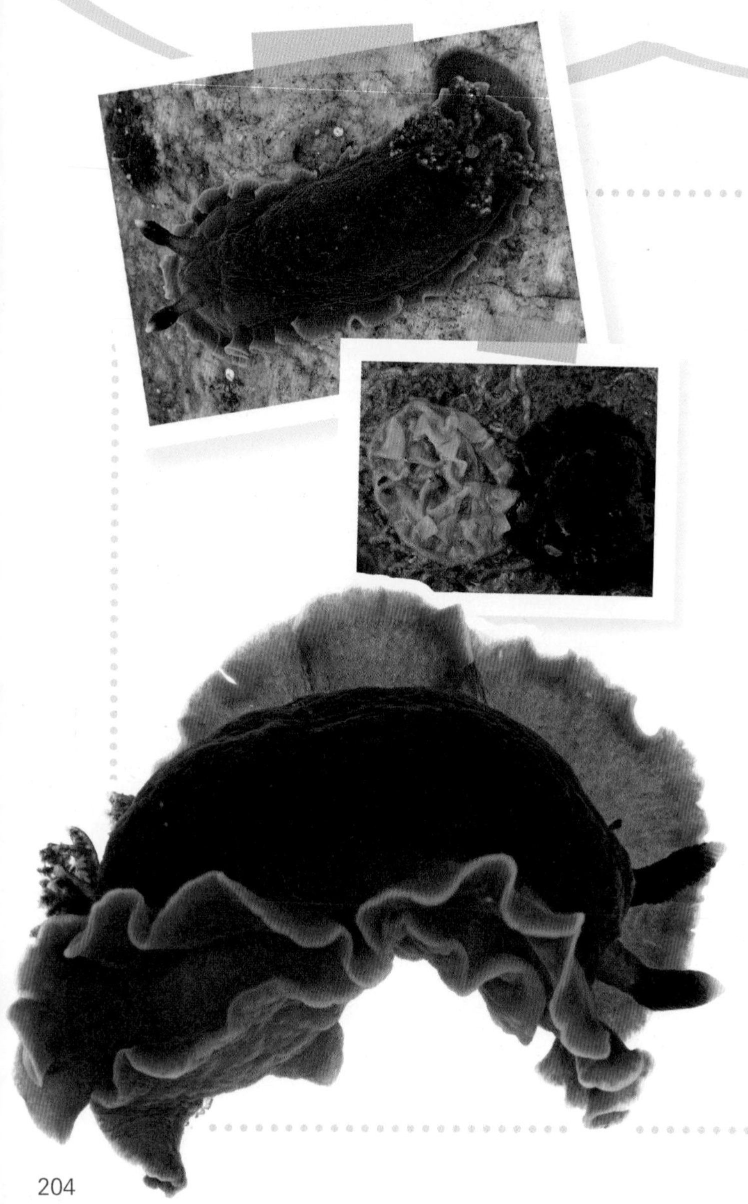

树状枝鳃海牛

Dendrodoris arborescens

腹足纲 / 裸鳃目 / 枝鳃海牛科

树状枝鳃海牛黑褐色的身体边缘有一圈朱红色花边褶皱。当它们在水里时，靠着身体边缘褶皱来回翻动就能让自己游动起来。裸鳃发达，在身体背面盛开。前面还有对触角，随着身体左右摇摆。眼睛退化，仅能分辨光线强弱，主要靠嗅觉和触觉行走。在繁殖期，成双成对在礁石上出现，将卵产于礁石上或礁石缝内。

我的头上
有两只角

青高海牛

Mexichromis festiva

腹足纲 / 裸鳃目 / 多彩海牛科

青高海牛蓝色的身体配上金色的线条及黑色的斑点显得格外时尚。头上竖着两只橙色的触角，好似一对耳朵，瞬间让人萌化。身体后上方顶着一朵盛开的“花”是它裸露的鳃，左右摇摆着，性感又不失优雅。

在退潮的礁石区，它蓝色的身体格外显眼，柔软幼小的身体却无所畏惧，用身上鲜艳的颜色告诉捕猎者：我有毒。自然界的生物都普遍接受这个“常识”，小家伙成功骗过了大部分捕食者。

黑斑海兔 *Aplysia kurodai*

腹足纲 / 无楯目 / 海兔科

APLYSIA

杂斑海兔 *Aplysia juliana*

腹足纲 / 无楯目 / 海兔科

鉴别要点

黑斑海兔体表常为紫色，散布不规则的灰白色或青绿色斑点，斑点因生境不同而变化。

黑斑海兔喜好绿藻，而杂斑海兔尤其喜好裙带菜。它们产的卵囊群就像一坨坨“粉丝”的造型。

尾棘[jí]无壳侧鳃

Pleurobranchaea brockii

腹足纲 / 裸鳃目 / 无壳侧鳃科

尾棘无壳侧鳃平时在潮间带活动，看过去肉乎乎的，它缓缓扭动着淡黄色的身体，表面紫褐色的网纹配上黑褐色的足底，凸显着时尚。

鳃

尾棘无壳侧鳃也是海蛞蝓的一种，但是它们的鳃长在了侧面。大部分海蛞蝓的鳃长在背部。

带刺的滚球

整个海胆壳的表面都是刺，通常赤道处的刺最长，两极处的最短，它的刺可以向着各个方向运动。

细雕刻肋海胆

Temnopleurus toreumaticus

海胆纲 / 拱齿目 / 刻肋海胆科

紫海胆

Heliocidaris crassispina

海胆纲 / 拱齿目 / 长海胆科

扁平蛛网海胆

Arachnoides placenta

海胆纲 / 盾形目 / 盾形海胆科

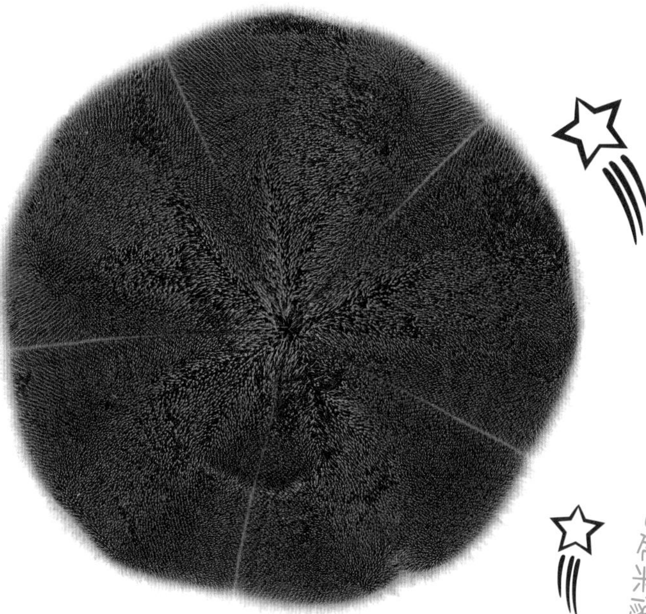

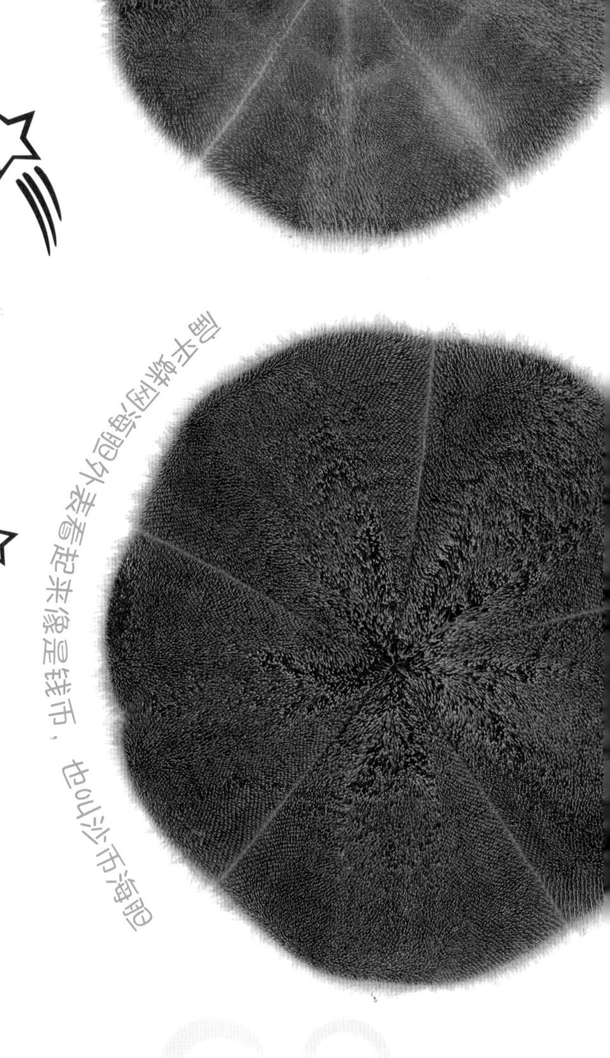

扁平蛛网海胆外表看起来像是钱币，也叫沙币海胆

海胆天生就很胆小，不能快速地移动。一旦感知敌人，海胆会躲到石头缝里利用身上的刺将身体紧紧卡住。它的外壳比较坚固，加上管足的吸附力以及密密麻麻的刺的保护，对于其他捕食者来说，想拿下它确实需要一番折腾。当然，所有海胆都不是那么好欺负，一些海胆的刺具有毒性。

花枝招展的海洋动物

海葵的口也是它的肛门，既是食物的入口，又是排泄物的出口。

等指海葵

Actinia equina

珊瑚虫纲 / 海葵目 / 海葵科

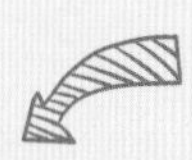

亚洲侧花海葵

Anthopleura asiatica

珊瑚虫纲 / 海葵目 / 海葵科

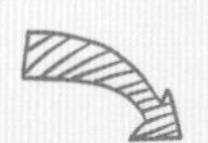

海葵多数栖息在浅海和沿岸的水洼或石缝中。海水退去的时候，海葵的触手就会收缩，这时因其身上覆盖着沙砾或碎贝壳，就不容易被发现。海水上涨的时候，触手会充分地舒展，就像绽放的太阳花，捕食着海水中的浮游生物、小鱼和虾蟹，但有些海葵的触手具有毒性。

日本侧花海葵

Anthopleura japonica

珊瑚虫纲 / 海葵目 / 海葵科

纵条矶海葵

Diadumene lineata

珊瑚虫纲 / 海葵目 / 矶海葵科

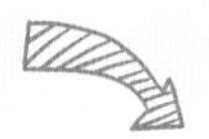

别称纵条全丛海葵。它绿色的身体上有12条橙红色或深红色纵条，像极了西瓜的花纹，也叫西瓜海葵。

退潮时，它们忍受着干涸，将触手收进体内，口盘紧紧闭合，身体缩成球形以锁住身体内的水分，紧紧地固着在礁石上一动不动。

缨鳃虫

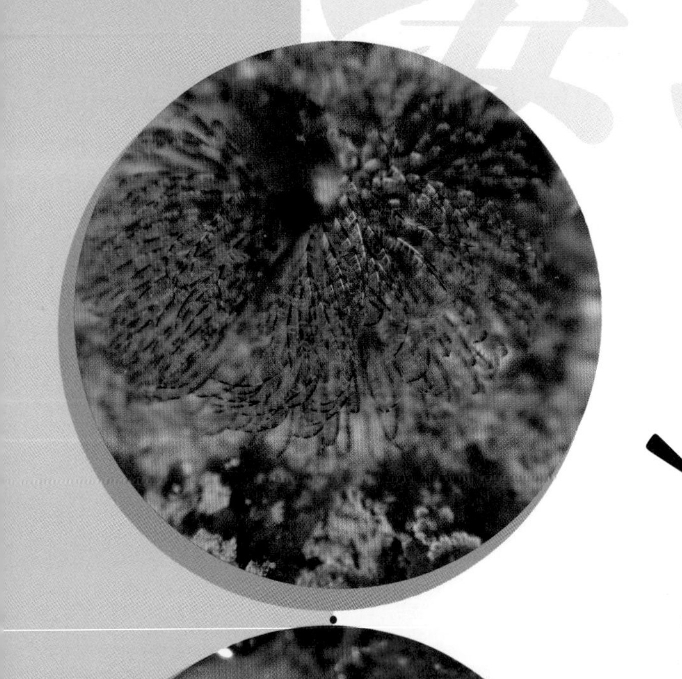

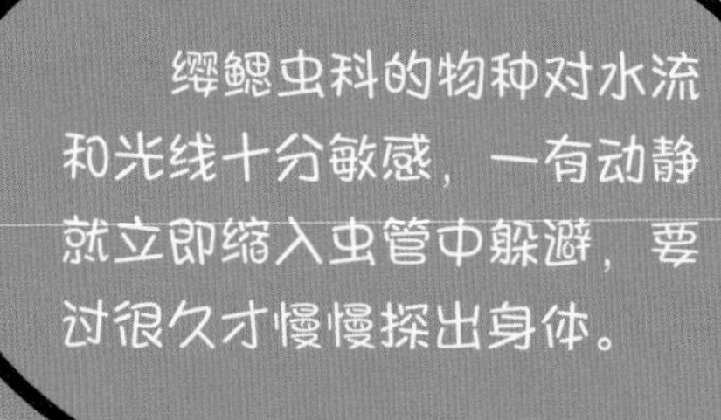

粗壮光缨虫

Sabellastarte spectabilis

多毛纲 / 缨鳃虫目 / 缨鳃虫科

粗壮光缨虫看着像一朵盛开着五颜六色的小花，它并不是植物，而是一种滤食性定居管栖蠕虫。这个小花其实是它伸出虫管外的羽毛状捕食器，羽枝上面长满了纤毛，步调一致地摆动形成水流，将水中的食物颗粒网住，运送到口中。

日本卷海齿花

Anneissia japonica

海百合纲 / 羽星目 / 栉羽枝科

海百合是一类古老的棘皮动物，在海底像一株散开着枝叶的植物。海百合分两大类，一类为有柄海百合，终生营固着生活；一类为无柄海百合，如日本卷海齿花，可在海里自由行动，翩翩起舞。

海百合是滤食动物，捕食时将腕高高举起，浮游生物被羽枝捕捉后送入口中。虽然海百合“不愁吃喝”，但由于部分种类扎根海底不能移动，它们常遭其他生物伤害，常常缺胳膊少腿。

海百合的再生能力很强，给它们一定时间就能修复残缺的身体。

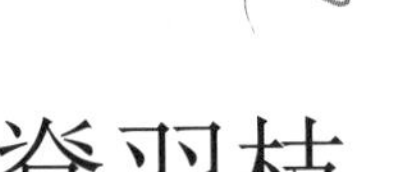

脊羽枝

Tropiometra afra

海百合纲 / 羽星目 / 脊羽枝科

再生能力惊人的海洋动物

海参是海参纲的动物的统称，身体通常呈圆柱形。海参平时靠着腹面的管足在海底缓慢移动。海参既无利齿，也无坚壳，但是生存技能满分。

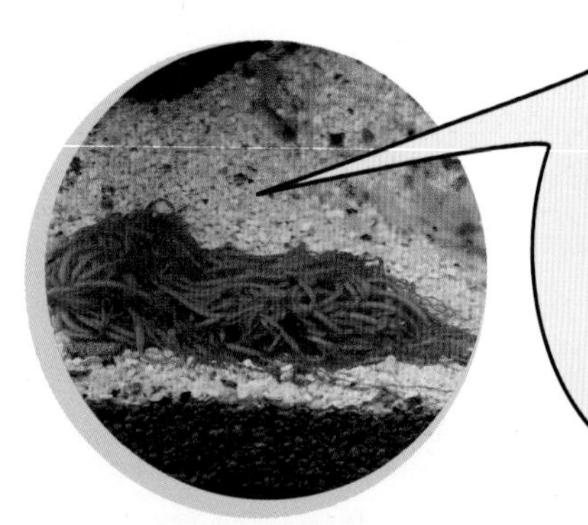

当海参遭遇天敌或感知到危险时，一言不发就开始喷内脏，把呼吸树、内脏一起喷射出来迷惑敌人。而海参的再生能力很强，体腔内组织有变形和新建的功能，加上肌细胞的去分化，过一段时间，“被掏空”的参体就会“满血复活”。

仿刺参

Apostichopus japonicus

海参纲 / 楯手目 / 刺参科

仿刺参是常见食用海参中的一种，也是我们通常所食用的海参。

相比其他一些皮肤光滑的海参，仿刺参背部有4-6行的圆锥状肉刺。它的腹部长满了管足，能附着在礁石上不被水流冲走，靠着肌肉的收缩和管足的协同，能在富含碎屑的泥沙沉积物中缓慢移动。

方柱翼手参

Colochirus quadrangularis

海参纲 / 枝手目 / 瓜参科

方柱翼手参也是东南潮间带常见的海参之一。它们的身体呈方形，浑身长满大大小小的突起，用身体下方细小的管足爬行。方柱翼手参的触手，也是它进食的工具。枝形触手在水中不断摇摆，触手上有许多黏液，可以粘附住硅藻、碎屑等，不断塞进口中。

薄背涡虫

Notocomplana humilis

涡虫纲 / 多肠目 / 背涡虫科

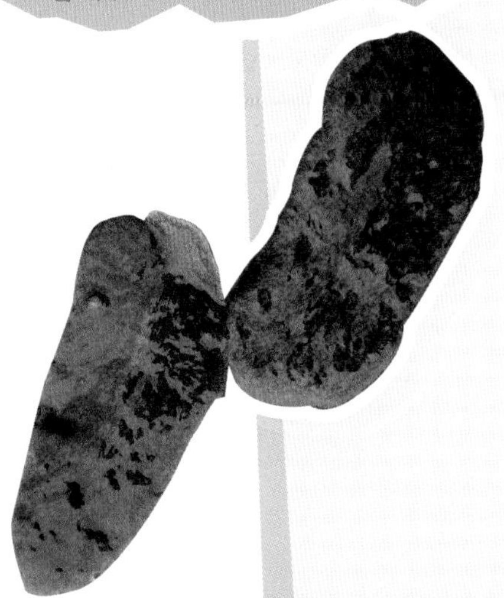

薄背涡虫薄薄的、扁扁的，就像一层薄膜。涡虫的眼睛在头部背面，没有晶体，不能成像，只有视觉感知功能。它们依靠纤毛或肌肉的运动爬行。

涡虫雌雄同体，异体受精。它们的再生力非常强，科学家很早就发现了涡虫神奇的再生能力。他们曾在实验中将一条不到2厘米的涡虫切成了279块，每一块最后都能重新长成一只新的涡虫。

中华五角海星

Anthenea pentagonula

海星纲 / 瓣棘海星目 / 瘤海星科

海星的五个角是它的触手，它的脚就在身体底下，由无数个管足组成。管足可以帮助海星在海底移动以及吸住海里的浮游生物甚至鱼虾蟹。海星觅食的时候会把它的胃掏出来分泌消化酶，用消化酶把这些猎物溶解后再吸入胃里。

小刺蛇尾

Ophiothrix exigua

蛇尾纲 / 蛇尾目 / 刺蛇尾科

遇到危险或敌人时，海蛇尾的腕足会自断求生，断裂的腕足很快会再生出来。

退潮后，在海边的石头下面常常可翻出一簇簇蠕动的海蛇尾，它们中的许多种类喜欢抱团群居在淤泥较多的海底。海蛇尾外形与海星很相似，体盘较小。腕相对海星更加细长而且容易弯曲。它们沿着海底弯曲蠕动爬行，动作灵敏。

柑橘荔枝海绵

Tethya aurantium

海绵纲 / 荔枝海绵目 / 荔枝海绵科

柑橘荔枝海绵的球形表面布满尖锐的突起，看起来十分像荔枝。它们的体表常常分布有多个出水孔。

柑橘荔枝海绵在繁殖季节体表常有从母体上分裂出的无性生殖芽，且再生能力也很强。如果将一个柑橘荔枝海绵剪成若干个部分扔进海里，过不久，每个部分都可能再长成全新的个体。

屹立海中的“小灯塔”

海鳃是刺胞动物，珊瑚远亲，从寒冷的极地海洋到热带海洋都有它们的身影。这类动物共有300多种，有的像羽毛，有的像细棒，中央茎下部是柄，使群体固定在泥沙中。

海鳃是群体生活的动物，我们看到的这一片“羽毛”并不是一只动物，它其实是由成千上万的水螅体群居组成的。这种状态就像无数的微小珊瑚虫聚合成珊瑚一样。

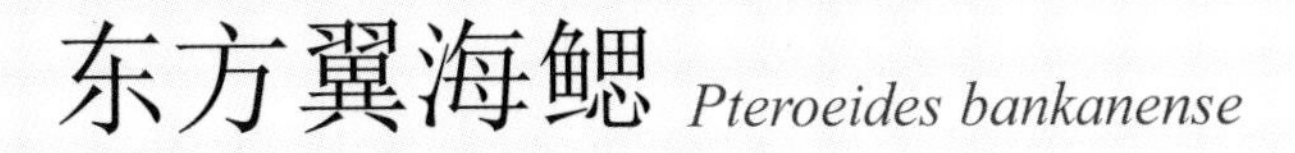

东方翼海鳃 *Pteroeides bankanense*

珊瑚虫纲 / 海鳃目 / 海鳃科

东方翼海鳃个头不大，主要栖息在潮间带的软泥底质。它一头扎入泥沙，一头露出，像一根羽毛笔插在海底的泥里，身上形似吸盘的触手就像雨伞一样撑开着。海鳃的触手上有刺细胞，会释放毒素以麻醉周边的浮游生物。

哈氏仙人掌海鳃

Cavernularia habereri

珊瑚虫纲 / 海鳃目 / 棒海鳃科

这种海鳃跟孙悟空的金箍棒一样可以膨大或缩小自己的身体。其身上有许多不规则的小疙瘩（水螅体），用来进水和排水。这些水螅体在水中盛开随波摆动，捕捉水中的生物。当整体涨开时，形状酷似仙人掌。在夜晚的潮间带，有时候会隐约看到磷光，这是哈氏仙人掌海鳃被海浪拍打后发出的绿光。这时候抚摸它的身体，它们身上发出的光也会越强烈。

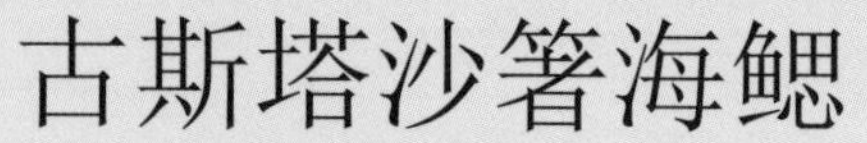

古斯塔沙箸海鳃

Virgularia gustaviana

珊瑚虫纲 / 海鳃目 / 沙箸海鳃科

这是一种优雅得像鹅毛笔一般的海鳃。它身体中有一根中轴骨支撑着整个躯体，柄部末端钻入泥沙里，躯干由一节节叶状的水螅体组成，在水中舒展开时如羽毛。当退潮暴露时，叶状体就收缩了，整个躯体就像棍子一样。

海洋牛皮癣

龟足

Capitulum mitella

鞘甲纲 / 指茗荷目 / 指茗荷科

龟足外观像鸡爪、狗爪或笔架，因此有许多别名，是潮间带的“四不像”

龟足固着在岩石缝隙中，密集成群出现，远看就像一簇盛开的黄绿色花儿，近看又像是乌龟的脚，因此得名“龟足”。

龟足不属于贝类，而属于节肢动物门，与虾蟹的亲缘关系更近，只是不会爬行。其实，龟足的幼虫会游会爬，找到合适的礁石后，它们就会把自己固定住，然后慢慢变成乌龟脚的样子。“脚爪”部位是它的头部，总共有8块壳板，中间的壳板打开后就会伸出“细爪”，抓取水中的浮游生物来食用。

斧板茗荷

Octolasmis warwicki

鞘甲纲 / 铠茗荷目 / 花茗荷科

斧板茗荷主要附着于甲壳类动物的甲壳上，而它的“亲戚”鹅茗荷可成群地固着在海洋中的浮标、码头设施表面和海轮底面。

藤壶的外形看起来像一座小火山，个体不大，但是吸附力极强，能在同一个地方扎根生活一辈子。

藤壶的体表有坚硬的外壳，经常被误认为是贝类，其实它们是鞘甲纲的一员。

藤壶是雌雄同体，异体受精，经过三四个月孵化，藤壶幼虫就会寻找终身定居的落脚点。一旦找到坚硬合适的附着基，它们会分泌具有极强黏合力的胶质，将自己牢牢黏住。藤壶也常常偏利共生在蟹类等动物上面。更多的藤壶附着在海岸边潮间带的礁石上，或经常附着在船底、浮标、养殖架以及各种水下设施上，对国防、港航建筑及水产养殖危害较大。

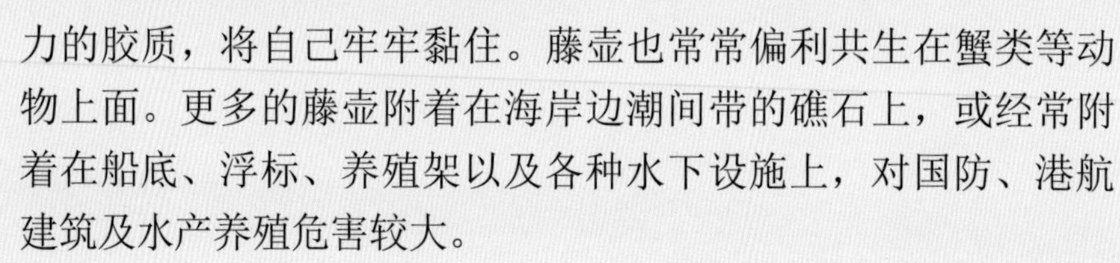

日本笠藤壶

Tetraclita japonica

鞘甲纲 / 藤壶目 / 笠藤壶科

鳞笠藤壶

Tetraclita squamosa

鞘甲纲 / 藤壶目 / 笠藤壶科

背上长满“眼睛”

它们爬行动作慢吞吞，外号“磨叽鬼”。它的数百个微小“眼睛”就长在背上，那是它们的感光系统。

我也叫“卷背虫”

日本花棘石鳖

Liolophura japonica

多板纲 / 石鳖科

石鳖是一种古老的软体动物，背上披着八块盔甲般的壳板。石鳖的肉足很强大，可以扣进岩石凹处，将自己牢牢地附着在里面，即便大浪来袭，也不会被冲走。从礁石上掰下来的花棘石鳖会把身体卷缩成一团，因此它们有个别称叫“卷背虫”。

里氏石磺

Onchidium reevesii

腹足纲 / 石磺科

别名瘤背石磺，有海乌龟、海癞蛤蟆、土海参等很多俗名，是一种用肺呼吸的贝类涂生动物。

石磺全身裸露，无壳也没有骨头，体形呈卵圆、椭圆形，远看像石头，近看像海参。石磺背部中央有一个发达的黑色背眼，平静时突出体表，在光线剧烈变化时能较迅速地收缩，周围的数个瘤眼也可感受光线变化。

背上有癞蛤蟆般的瘤状疙瘩突起，呈青灰色夹杂着绿褐色，其实是它的“眼睛”，即感光装置。

石磺足部很发达，但是爬行速度非常缓慢。

因为长得丑，过去人们一般不会去捡它吃它，后来，有人发现它的营养价值相当高。

似蟹非蟹

鳞鸭岩瓷蟹

Petrolisthes boscii

软甲纲 / 十足目 / 瓷蟹科

在东南沿海的礁石下经常能翻到瓷蟹，看上去几乎就是一个扁平的小螃蟹，但是把它的“蟹脐”翻开来，会发现末端还保留尾扇，说明它其实并不是螃蟹。

瓷蟹与真正的蟹最大区别在于：它们只有3对步足，螯足没有腕节，最后的两条步足退化成小棒，隐藏在头胸甲边缘。

瓷蟹很小，比较脆弱，为逃避猎食者，常躲藏在石缝间。当受到威胁时，它们会自断肢体来分散捕食者的注意力。

瓷蟹的大螯不能用来捕食，捕食主要靠羽状口器。瓷蟹的口旁有两条附肢，长满细密的长毛，像个小梳子。在水下，瓷蟹只需站定一处，展开两把“梳子”，一抓一收，就把水中的微小生物送入口中。

瓷蟹非蟹，属于铠甲虾总科。铠甲虾基本上都是“半蟹化”的形态，外表看起来像是把腹部折叠到身下的小龙虾，而瓷蟹就是铠甲虾里面最蟹化的。

锯额豆瓷蟹

Pisidia serratifrons

软甲纲 / 十足目 / 瓷蟹科

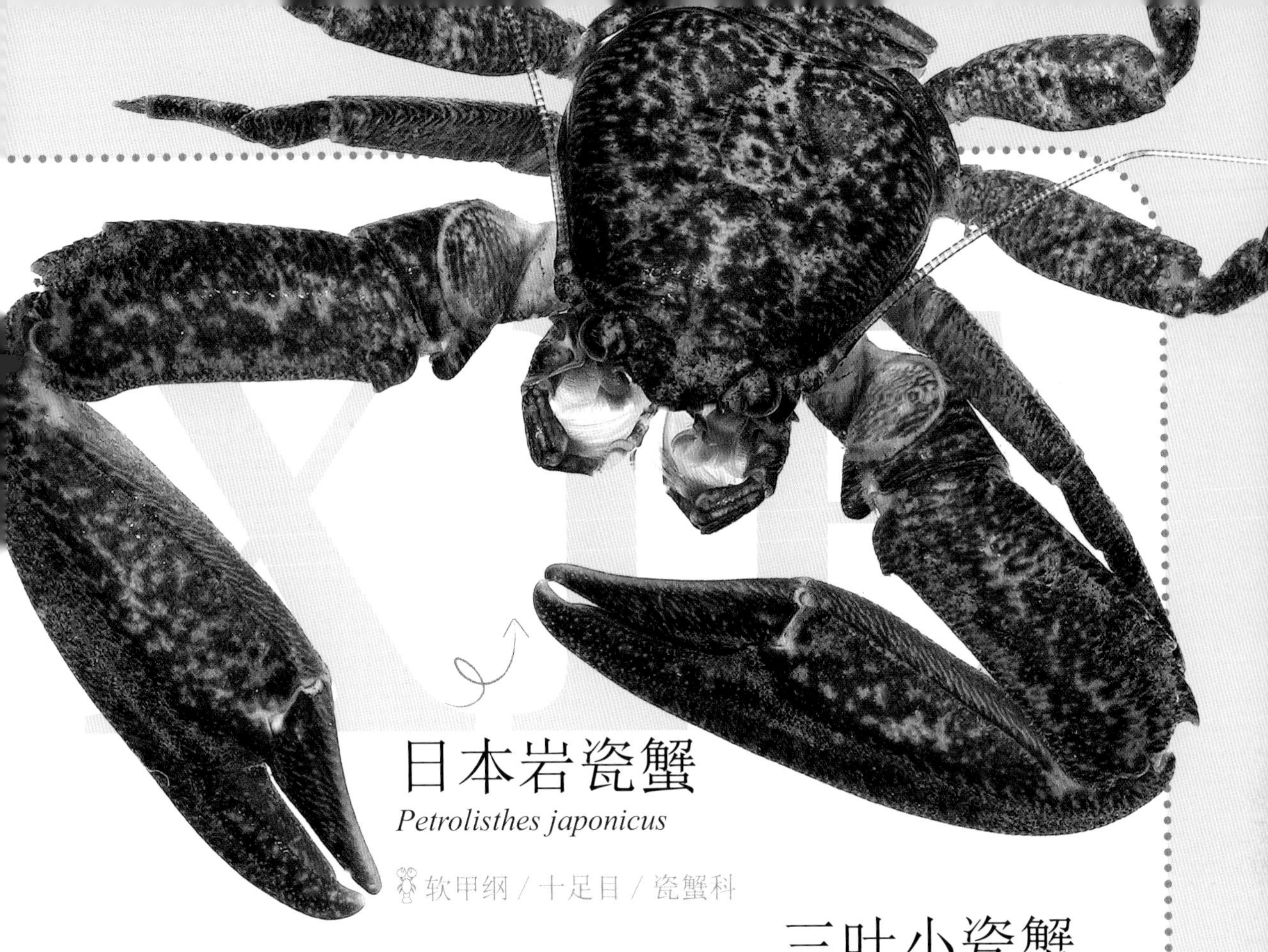

日本岩瓷蟹

Petrolisthes japonicus

软甲纲 / 十足目 / 瓷蟹科

三叶小瓷蟹

Porcellanella triloba

软甲纲 / 十足目 / 瓷蟹科

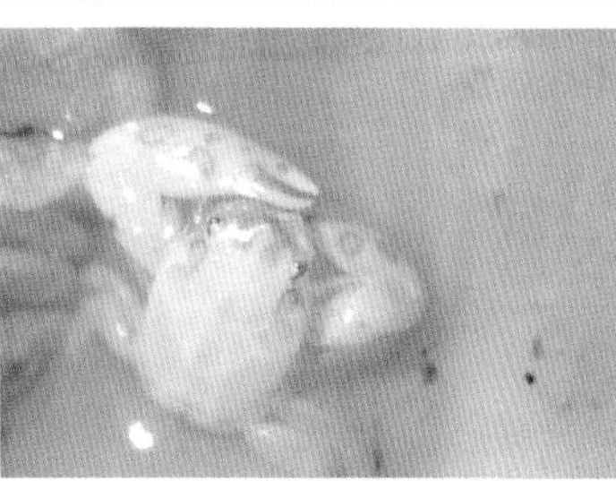

三叶小瓷蟹

三叶小瓷蟹常常在东方翼海鳃的刺状触手上寄居，这种共栖对双方都有好处。东方翼海鳃的触手上有刺细胞，会释放毒素以麻醉周边的生物。因此，弱小的三叶小瓷蟹寄生在海鳃上，以寻求“大雨伞”庇护，利用海鳃的触手吓退敌人。

海岸清道夫

寄居蟹是一种外形介于虾和蟹之间的节肢动物。古时候，寄居蟹被称为寄居虫，也曾叫作寄居虾、海寄生和巢螺等。它们的头胸甲坚硬，腹部和尾部柔软，需要寄居在螺壳内保护自己的身体。终生卷曲于螺壳中的寄居蟹，用特化的尾扇紧紧钩住螺壳底部，背着“房子”到处爬。

当躯体长大到不适合寄居时，它们会攻击拥有更大螺壳的海螺或者同类给自己换一个舒适的家。当然，没有合适的螺壳寄居时，它们甚至会用矿泉水瓶盖等临时住所安顿自己。寄居蟹生性警惕，遇到危险立即将躯体缩入螺壳内，用自己的大螯足塞住螺口，抵御敌人的进攻。

寄居蟹会摄食沉积于沙质或泥质海底的有机物和动物腐尸，有利于促进积存在海洋底质的物质再循环利用回到海洋中，对海洋生态的维护起着巨大的作用。它们还能消灭海边的动物尸体，起到清洁海滩卫生的作用，有“海滩上的清道夫”之称。

下齿细螯寄居蟹

Clibanarius infraspinatus

软甲纲 / 十足目 / 活额寄居蟹科

斑点真寄居蟹

Dardanus megistos

软甲纲 / 十足目 / 活额寄居蟹科

艾氏活额寄居蟹

Diogenes edwardsii

软甲纲 / 十足目 / 活额寄居蟹科

海蟑螂

Ligia exotica

软甲纲 / 等足目 / 海蟑螂科

海蟑螂又名海岸水虱、海蛆，主要藏身于海边的岩石缝隙中，是半陆生潮虫。它长时间在海水里会被淹死，但也不能长时间在陆地上，偶尔在红树林的植物树干上穿行。海蟑螂移动速度极快，密密的步足每秒能跑16步，步足上布满刚毛，末端呈钩状，有很强的抓地力，成群的海蟑螂遇到惊扰四散逃跑。

海蟑螂繁殖迅速，以藻类、人类的有机垃圾和动物腐尸为食，因此有“海岸清道夫”之称。海蟑螂自身又是部分海洋鱼虾蟹的食物来源，在海洋生态系统中扮演很重要的角色。

刺螯鼓虾

Alpheus hoplocheles

软甲纲 / 十足目 / 鼓虾科

我国沿海常见的一种鼓虾。鼓虾有个特殊的技能：它用特化的大螯足瞬间弹动，从而产生高压，让海水因高压而发生汽化，随后这些气泡连带海水高速喷射出去，并发出气泡爆裂声，像是打鼓的声音，鼓虾因此得名。弹出的高压水柱射程很短，但却足以震晕一些小型猎物。

长指鼓虾

Alpheus digitalis

软甲纲 / 十足目 / 鼓虾科

SHRIMP

日本对虾

Penaeus japonicus

软甲纲 / 十足目 / 对虾科

日本对虾俗称虎虾、竹节虾、斑节虾、九节虾，白天潜伏在沙底很少出来活动，夜间觅食，潜沙能力突出。它的主要特点就在于其外观颜色和花纹，身体具有横斑纹，尾部的颜色更鲜艳。日本对虾的经济价值很高，是福建沿海对虾养殖的主要种类之一。

虾蛄又叫琴虾，因为虾蛄的身体与琵琶之类的乐器相似。还有一个说法是“以其足善弹，而名琴虾。”“皮皮虾”这个名字就是由另一个名字“琵琶虾”演化而来的。虾蛄的“螳臂”与螳螂正好相反：螳螂的镰刀向下打开，虾蛄却是向上打开。所以捕食的时候，虾蛄不像螳螂那样向下扑，而是向上弹。

口虾蛄

Oratosquilla oratoria

软甲纲 / 口足目 / 虾蛄科

窝纹网虾蛄

Dictyosquilla foveolata

软甲纲 / 口足目 / 虾蛄科

虾蛄的捕捉足有两种类型：穿刺型和锤击型。穿刺型有尖锐的锯齿，以抓牢鱼虾；锤击型则是用加厚的球状部飞快击打猎物，造成“钝器伤”，足以把贝壳、蟹壳击碎。

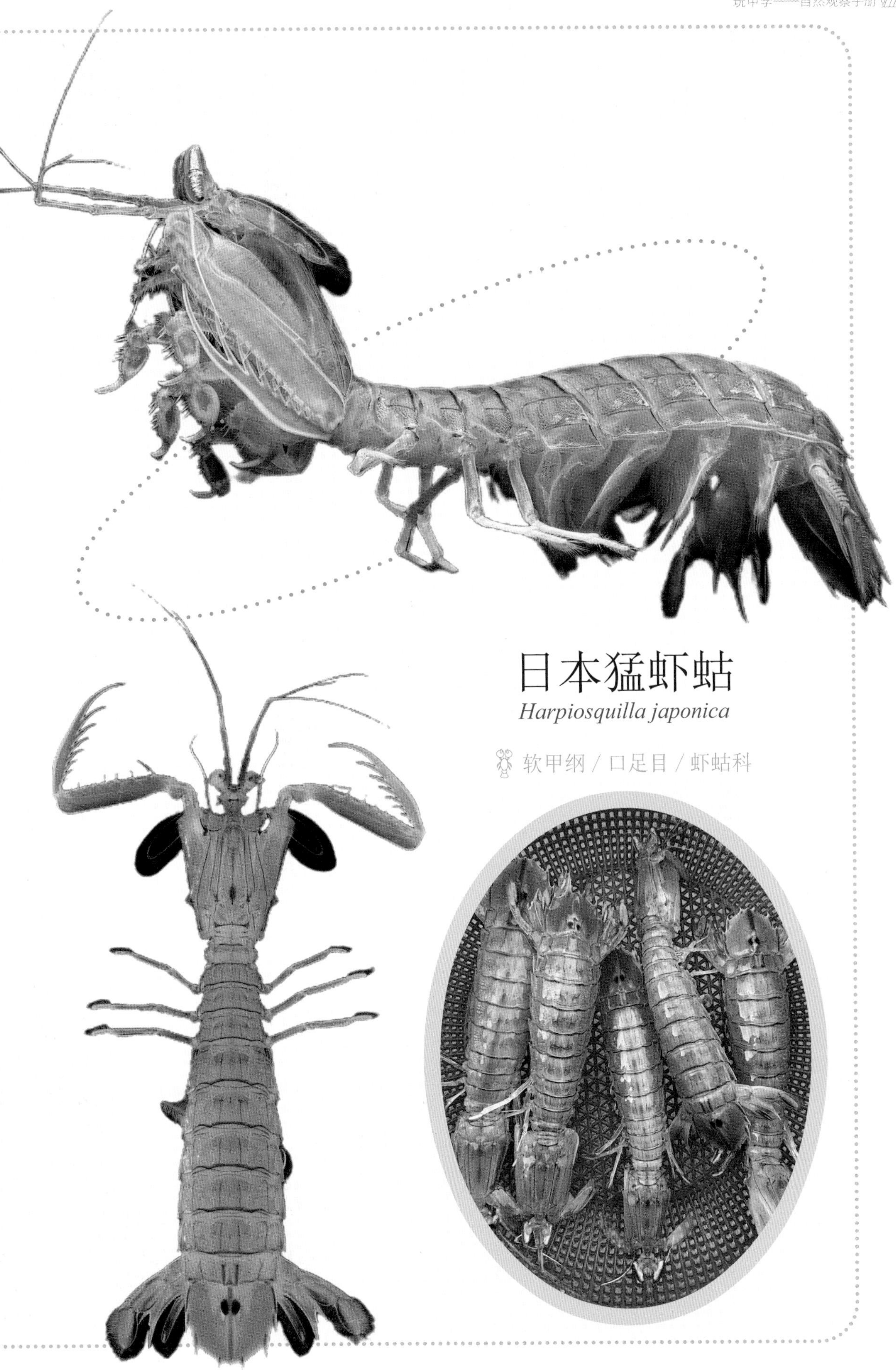

日本猛虾蛄

Harpiosquilla japonica

软甲纲 / 口足目 / 虾蛄科

中国龙虾

Panulirus stimpsoni

软甲纲 / 十足目 / 龙虾科

龙虾是龙虾科物种的通称，外形与螯虾相似。螯虾具螯足（大钳子），龙虾没有螯足，且没有螯虾那般好斗。躲避敌害时龙虾基本靠一躲二逃，白天大都躲藏在岩礁的缝隙洞穴里，察觉危险时，则迅速收缩身体往后面窜。

波纹龙虾

Panulirus homarus

软甲纲 / 十足目 / 龙虾科

波纹龙虾是海鲜市场上最常见的种类之一，俗称小青龙。因其外壳坚硬，看起来威风凛凛，全身呈青绿色而得名。

海中活化石

中国鲎 [hòu]

Tachypleus tridentatus

肢口纲 / 剑尾目 / 鲎科

国家二级重点保护野生动物

中国鲎是地球上最古老的生物之一，可以说是海洋生物的活化石，长相类似一个残留着蔓藤的大葫芦。

鲎又名“夫妻鱼”，但它其实并不是鱼，它是隶属肢口纲剑尾目的海生节肢动物；又称“马蹄蟹”，但其实与蟹也没有关系，倒是与蝎、蜘蛛有亲缘关系，与早已灭绝的三叶虫是近亲。

又名夫妻鱼、马蹄蟹

每年4月下旬到8月底，是生活在福建沿海的中国鲎的产卵期。在繁殖季节，发育成熟的中国鲎总是成双结对出现，体型肥大的雌鲎驮着瘦小的雄鲎，随着大潮时海浪的涌动，来到海滩的高潮区产卵，即使在被捕获时也是雌雄相依，不离不弃，因此有“海洋鸳鸯”之称。

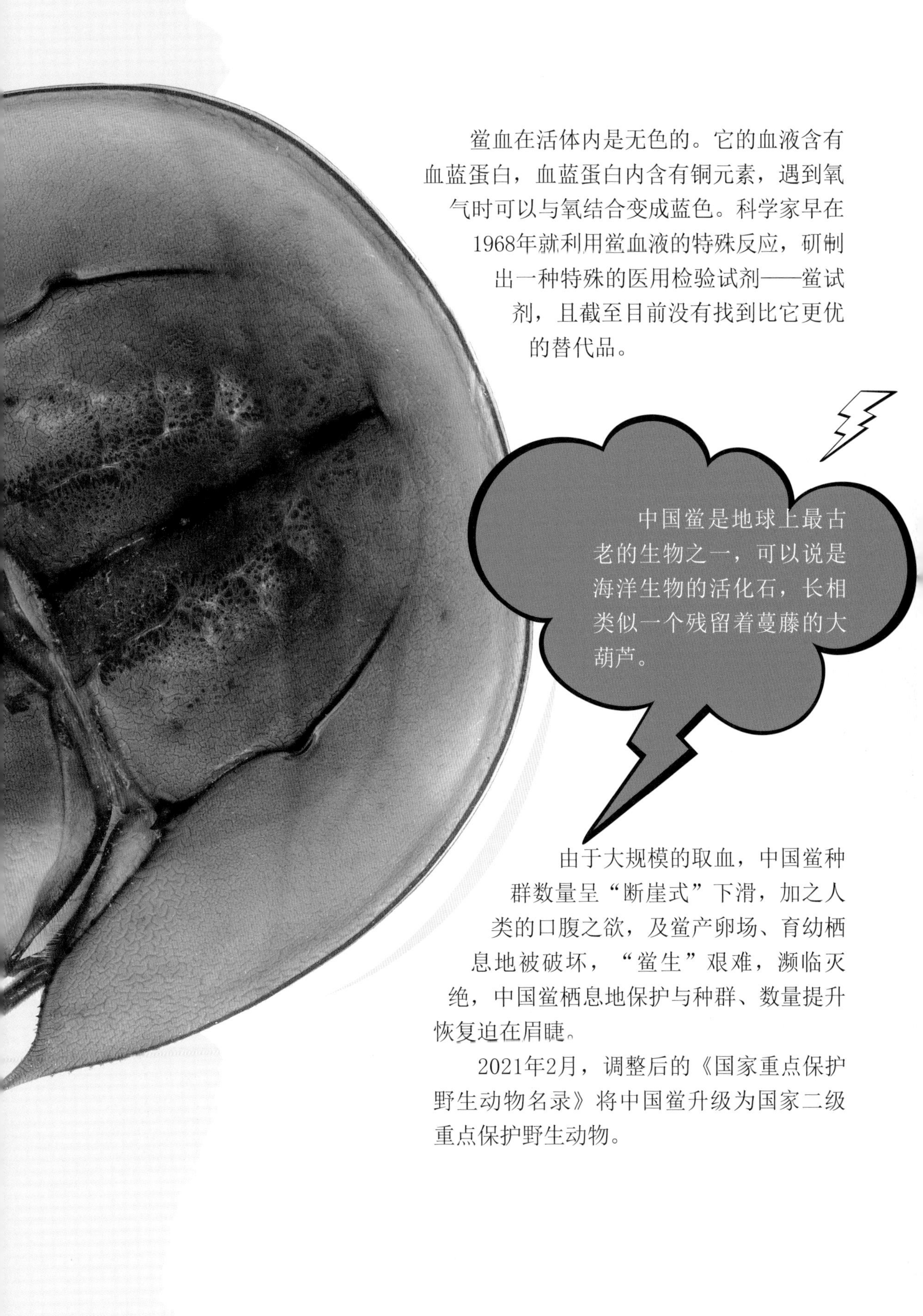

鲎血在活体内是无色的。它的血液含有血蓝蛋白，血蓝蛋白内含有铜元素，遇到氧气时可以与氧结合变成蓝色。科学家早在1968年就利用鲎血液的特殊反应，研制出一种特殊的医用检验试剂——鲎试剂，且截至目前没有找到比它更优的替代品。

中国鲎是地球上最古老的生物之一，可以说是海洋生物的活化石，长相类似一个残留着蔓藤的大葫芦。

由于大规模的取血，中国鲎种群数量呈“断崖式”下滑，加之人类的口腹之欲，及鲎产卵场、育幼栖息地被破坏，“鲎生”艰难，濒临灭绝，中国鲎栖息地保护与种群、数量提升恢复迫在眉睫。

2021年2月，调整后的《国家重点保护野生动物名录》将中国鲎升级为国家二级重点保护野生动物。

厦门文昌鱼

Branchiostoma belcheri

青岛文昌鱼

Branchiostoma japonicum

狭心纲 / 文昌鱼目 / 文昌鱼科

国家二级重点保护野生动物

文昌鱼其实不是鱼类，它是一种有着大约5亿年演化历史的非常古老的头索动物，只因为形状像鱼，而且能游泳，被称为“鱼”，它是无脊椎动物进化至脊椎动物的过渡类群，是最原始的脊索动物。因此，文昌鱼是研究脊索动物起源和演化的“活化石”。

文昌鱼不仅地位非常特殊，长相也很奇特。

第一，它没有头。文昌鱼没有传统意义上的头部，只有前端和后端，前端带有口须用以滤食浮游生物和硅藻。

第二，它没有脑袋。文昌鱼没有大脑，由一条位于脊索背部的厚壁神经管替代，也没有嗅觉、味觉、听觉等感觉器官。

厦门文昌鱼

厦门文昌鱼

第三，它没有骨头。文昌鱼没有脊柱，全靠背部的脊索支撑身体。

第四，它没有心脏。文昌鱼没有心脏，靠鳃动脉和腹大动脉等组成的循环系统伸缩带动血液流动。

青岛文昌鱼

文昌鱼常常将身体埋在沙中，仅露出前端以滤食硅藻及小型浮游生物，靠轮器和咽部纤毛的摆动，使水流经口入咽。在受到危险或刺激时，它们会用后端迅速地钻进沙里，有时候也会用前端钻沙。

早在1988年，文昌鱼就被列为国家二级重点保护野生动物。

亚氏海豆芽

Lingula adamsi

海豆芽纲 / 海豆芽目 / 海豆芽科

海豆芽体型奇特，身体上部椭圆形，像放大的豆子，下部是可以伸缩的半透明肉茎，形似豆芽，故名海豆芽。它们的肉茎具有强大的掘洞能力，可以将自己深深地扎入泥滩深处，只留出入水孔于泥沙表面。

海豆芽看上去有两片壳，却不是贝类，而属于古老的腕足动物门。它们比恐龙出现的时间还早，可追溯到寒武纪时期，是世界上已发现生物中生存历史最长的物种之一，也被誉为“活化石”。

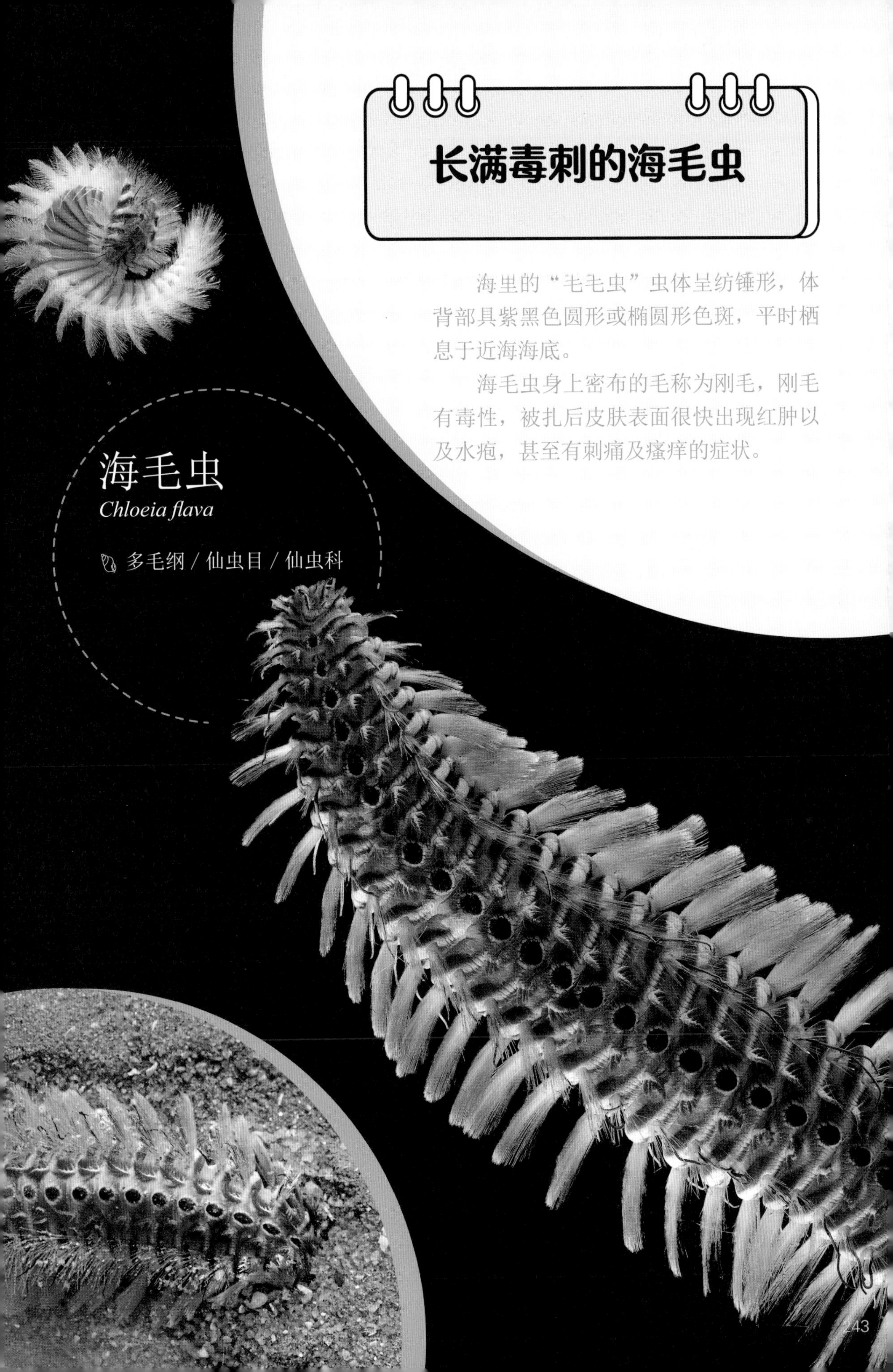

长满毒刺的海毛虫

海里的“毛毛虫”虫体呈纺锤形，体背部具紫黑色圆形或椭圆形色斑，平时栖息于近海海底。

海毛虫身上密布的毛称为刚毛，刚毛有毒性，被扎后皮肤表面很快出现红肿以及水疱，甚至有刺痛及瘙痒的症状。

海毛虫

Chloeia flava

多毛纲 / 仙虫目 / 仙虫科

礁石上的斗笠

嫁蝛 [qī]

Cellana toreuma

腹足纲 / 花帽贝科

去海边时在礁石上会发现一类生物：它们的壳像斗笠一样扣在礁石上，说它是螺，可没有螺旋；说它是蛤，壳又只有一片。看起来就像一个帽子或斗笠，民间也有“将军帽”之类的俗名。这类动物属于亲缘关系相近的几个家族：帽贝科、花帽贝科和笠贝科。

嫁蝛的腹足几乎占满整个壳下的空间，吸力极强。如果在礁石上遇到它们，就算使出全身力气也不一定抠得下来。海水的拍击还能让它壳下的肌肉组织更稳固，从而加强它对岩石的攀附。攀爬礁石的赶海人，竟可以直接踩在一枚小小的嫁蝛身上，将其作为攀岩的落脚点。

其实它们只有感知到外界有危险的时候才会吸得这么紧。它们的壳只有浅浅的斗笠状，没有螺塔，肉体无处可缩，所以它必须紧紧地吸住礁石，把壳扣紧，不给天敌留缝隙，更好地保护自己。

万能鱼饵海蜈蚣

沙蚕在潮间带泥沙交混的地方，很容易被挖到。多齿围沙蚕还可能进入淡水稻田。繁殖期的沙蚕因为身体中有卵子或精子，躯体呈扁状。雄虫的背面呈黄绿色，腹部是乳白色，雌虫的背面是蓝绿色，腹部是黄绿色。它们在夜间上升到海面繁殖，排出性细胞之后便会死去。

岩虫 *Marphysa sanguinea*

多毛纲 / 矶沙蚕目 / 矶沙蚕科

多齿围沙蚕
Perinereis nuntia
多毛纲 / 叶须虫目 / 沙蚕科
沙蚕俗称海虫、海蜈蚣，是海钓使用最为广泛的鱼饵之一
长吻沙蚕 *Glycera chirori*
多毛纲 / 叶须虫目 / 吻沙蚕科

千姿百态的螺

疣荔枝螺
Reishia clavigera

腹足纲 / 新腹足目 / 骨螺科

疣荔枝螺俗称苦螺，尾端有一个辣囊腺，会产生一种不同于生姜、辣椒之类刺痛感的辣味。

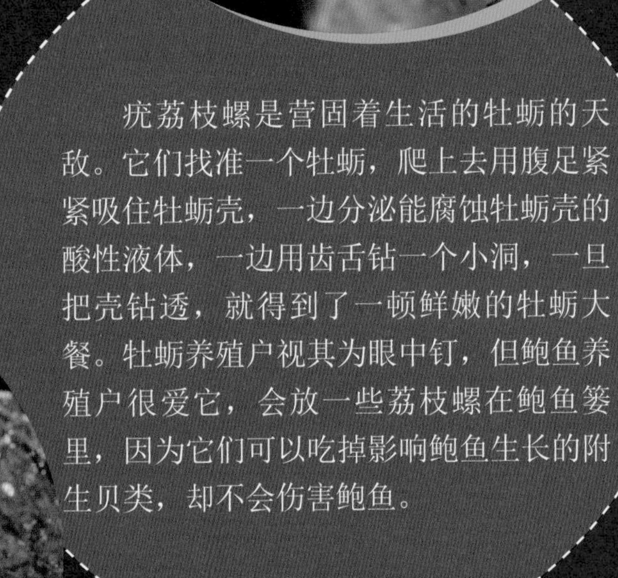

疣荔枝螺是营固着生活的牡蛎的天敌。它们找准一个牡蛎，爬上去用腹足紧紧吸住牡蛎壳，一边分泌能腐蚀牡蛎壳的酸性液体，一边用齿舌钻一个小洞，一旦把壳钻透，就得到了一顿鲜嫩的牡蛎大餐。牡蛎养殖户视其为眼中钉，但鲍鱼养殖户很爱它，会放一些荔枝螺在鲍鱼篓里，因为它们可以吃掉影响鲍鱼生长的附生贝类，却不会伤害鲍鱼。

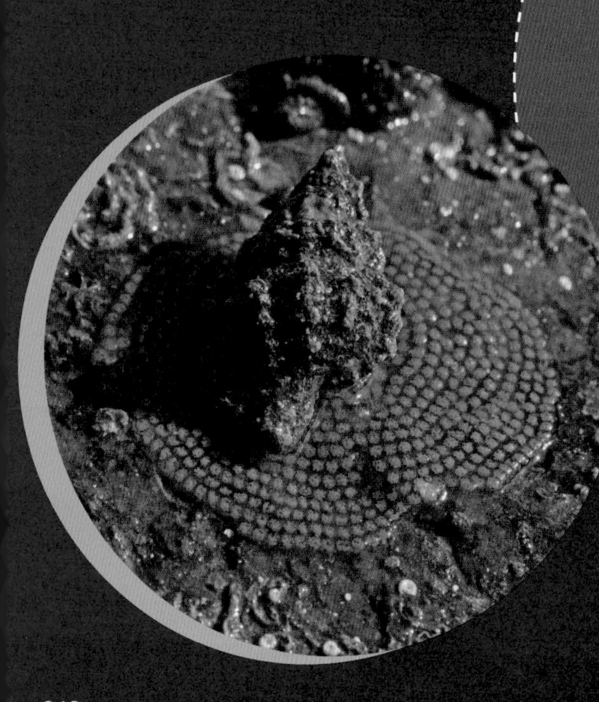

亚洲棘螺

Chicoreus asianus

腹足纲 / 新腹足目 / 骨螺科

浅缝骨螺

Murex trapa

腹足纲 / 新腹足目 / 骨螺科

浅缝骨螺俗称刺螺。

这些骨螺的刺有什么作用？有一个说法是为了吓退天敌，刺突能让本身体积小的螺壳看起来“荆棘丛生”，鱼想把螺咬碎需要把嘴巴张得很大且难以下咽，从而争取更多生存机会。另外，刺都是长在纵肿肋上，让螺壳更坚固，其中有的刺于壳口面形成更大的平面，这样有利于在发生意外从附着物上面跌落的时候增加壳口朝下的概率，起到双重保护作用。还有一种说法是，螺生活在泥沙质海底，唯独爬行时接触泥沙的那一面没有刺，于是猜测这些刺向两侧平伸，可以减小压强，避免螺陷入泥沙里。

中国笔螺
Isara chinensis

腹足纲 / 新腹足目 / 笔螺科

笔螺壳厚，呈典型的子弹状、毛笔头状，因此得名笔螺。

丽小笔螺
Mitrella albuginosa

腹足纲 / 新腹足目 / 核螺科

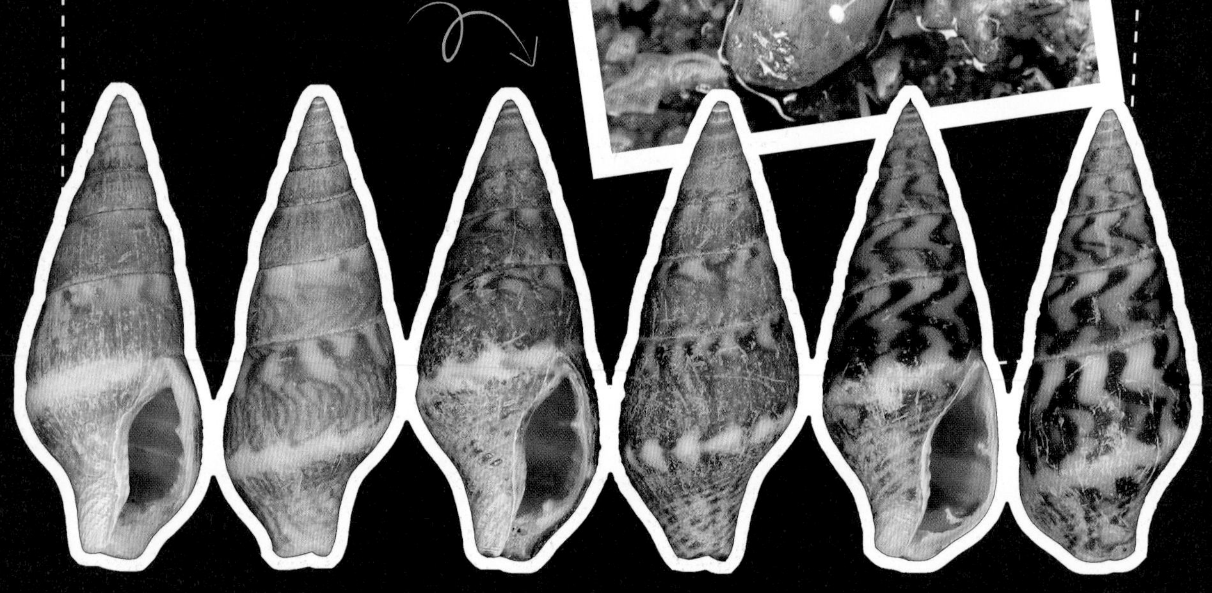

伶鼬[yòu]榧[fěi]螺

Oliva mustelina

腹足纲 / 新腹足目 / 榧螺科

伶鼬榧螺又名马齿螺、惊螺，贝壳呈筒状，贝壳上有着非常漂亮在花纹，是福建的优势物种。

棒锥螺

Turritella bacillum

腹足纲 / 中腹足目 / 锥螺科

棒锥螺的螺塔很高，外形酷似长长的螺旋钉，也被称为钉螺。它的口盖比壳口要小很多，遭遇敌害时可以最大限度地将身体缩回靠近尾部的螺层。

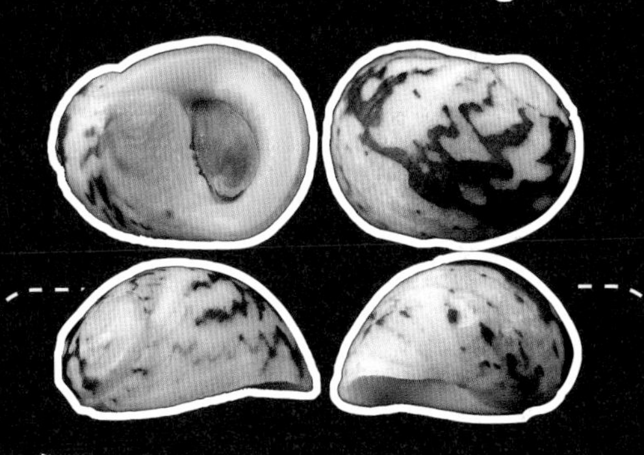

齿纹蜑[dàn]螺

Nerita yoldii

腹足纲 / 蜑形目 / 蜑螺科

蜑螺具有球形或半球形的贝壳，壳质很厚，壳口两唇常有齿列。

节织纹螺

Nassarius nodiferus

腹足纲 / 新腹足目 / 织纹螺科

织纹螺比较小，小圆锥形。织纹螺壳的颜色因环境不同而变化，在岩岸以及礁石中分布的多为黄褐色，间或具有棕色的螺旋条纹；在泥滩里分布的织纹螺壳则多为黑褐色。

纵肋织纹螺

Nassarius variciferus

腹足纲 / 新腹足目 / 织纹螺科

紫底星螺
Astralium haematragum

腹足纲 / 钟螺目 / 蝾螺科

紫底星螺的口盖和壳底呈紫色，是食藻螺，常被海水缸爱好者当作生物工具使用，用来给缸内除藻。

粒小月螺
Lunella granulata

腹足纲 / 钟螺目 / 蝾螺科

粒小月螺生活在礁石区，名字很好听，长相朴素，壳体斑驳，十分不起眼。把它翻过来后可以看到它半球形的石灰质的口盖（厣[yǎn]），像富有光泽的纽扣，也被叫作“猫眼石”。

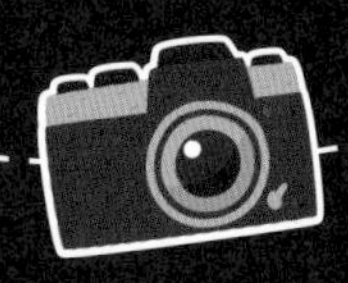

银口凹螺

Tegula rugata

腹足纲 / 钟螺目 / 扭柱螺科

银口凹螺

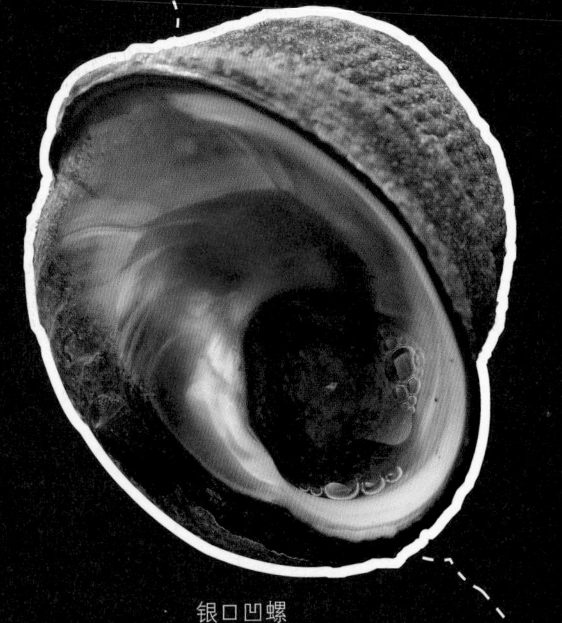

银口凹螺

托氏蝐螺

托氏蝐螺

Umbonium thomasi

腹足纲 / 钟螺目 / 马蹄螺科

托氏蝐螺

托氏蝐螺的形状小而扁，色彩丰富。它生活在湿润的泥沙里，爬行的时候会留下痕迹。水流冲刷时，可以让自己在水中飘起来，一旦被水冲得螺壳翻过来，软体部分还可以卷曲把自己正过来。

单齿螺

Monodonta labio

腹足纲 / 钟螺目 / 马蹄螺科

单齿螺是潮间带分布较广也较为常见的贝类之一，壳质坚厚且壳的颜色变化多端，有的呈暗绿色、淡黄色。壳内部呈珍珠光泽的白色。

单齿螺

托氏蜎螺

方斑东风螺

Babylonia areolata

腹足纲 / 中腹足目 / 东风螺科

俗称花螺，螺壳上有规则的方形花斑，底色呈奶白色。

方斑东风螺看起来一副文静的样子，其实十分凶猛，是少有的几种肉食性贝类。它喜欢藏身于浅海水深数十米的泥沙之中，靠吻管捕食。平时这条吻管就藏在头部下方，一旦嗅到食物，就爬出泥沙，伸出吻管捕食。

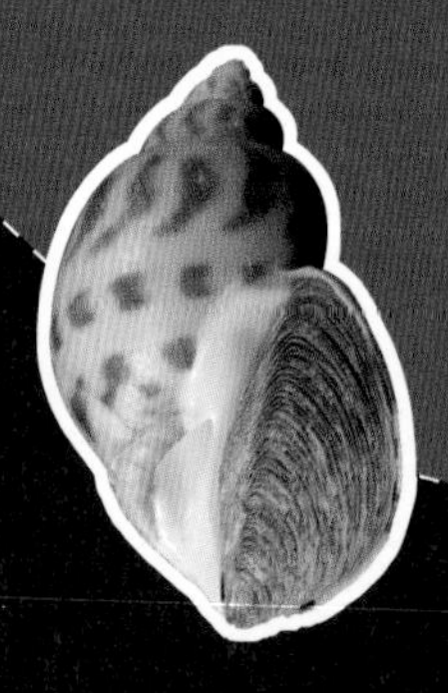

扁玉螺

Neverita didyma

腹足纲 / 中腹足目 / 玉螺科

“铜锅子、铁锅盖，锅内藏着好荤菜。”这是来自民间对玉螺的描述。玉螺的贝壳呈球形、卵圆形或耳形，螺旋部低，体螺层膨大，生长纹细密，有的带花纹或斑点，壳皮较薄。

扁玉螺俗称香螺，香味源于繁殖期肥大的尾部，所谓螺尾是屎不能吃纯属谬传，其实螺尾可食用。

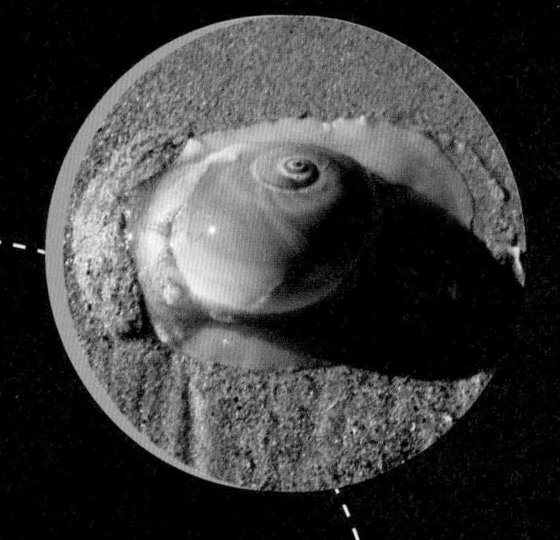

微黄镰玉螺

Euspira gilva

腹足纲 / 中腹足目 / 玉螺科

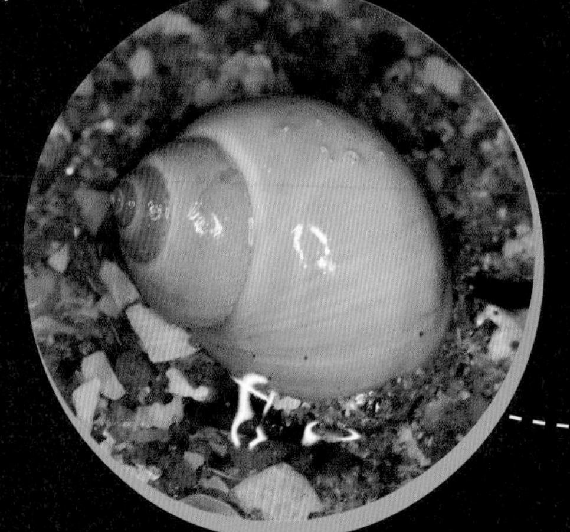

贝类食鲜

菲律宾蛤仔

Ruditapes philippinarum

双壳纲 / 帘蛤目 / 帘蛤科

菲律宾蛤仔俗称花蛤、蛤仔、蛤蜊、蚬子、花甲。它们的壳比较粗糙，壳的颜色、花纹各不相同，在沙滩上埋得不深，很好采挖。

菲律宾蛤仔虽然听起来像舶来品，但它是本土物种，而且是适应能力很强，分布范围很广的双壳贝类之一。我国南北海岸线大多有菲律宾蛤仔分布。

文蛤

Meretrix meretrix

双壳纲 / 帘蛤目 / 帘蛤科

文蛤又称蛤蜊，贝壳背缘呈三角扇形，壳较厚，两壳有同心生长轮，生长线清晰可辨。文蛤年龄可由壳表面的生长轮推算出来。稚贝生长最快，随着年龄的增大，生长速度逐渐减慢。文蛤壳表底色变化多端，有黄褐色、深灰色、米黄色、象牙白等等，上面图纹多样，放射纹、波浪纹、点状纹等随机分布，不同发育时期的壳体颜值均不相同。

翡翠股贻贝

Perna viridis

双壳纲 / 贻贝目 / 贻贝科

翡翠股贻贝俗称淡菜，周缘鲜绿，犹如孔雀的羽毛，故又称“孔雀蛤”；在海边，除了礁石外，浮木和船底也可以发现它们的踪迹。贻贝繁殖能力极强，通常为雌雄异体，体外受精，一般在早春和晚秋产卵两次。科学家发现菲律宾和泰国的贻贝可以全年产卵，因为水温影响了贻贝的基因导致性腺发育发生改变，出现了全年产卵现象。

厚壳贻贝
Mytilus unguiculatus

双壳纲 / 贻贝目 / 贻贝科

肯氏隔贻贝
Mytilisepta keenae

双壳纲 / 贻贝目 / 贻贝科

条纹隔贻贝
Mytilisepta virgata

双壳纲 / 贻贝目 / 贻贝科

泥蚶

Tegillarca granosa

双壳纲 / 蚶科

泥蚶也叫血蚶，福建吃的血蚶主要是毛蚶。泥蚶生长在滩涂的软泥里，它外形很饱满，壳厚而坚实。壳上的沟壑纹路比较深，刚挖出来的泥蚶包裹着厚厚的淤泥。

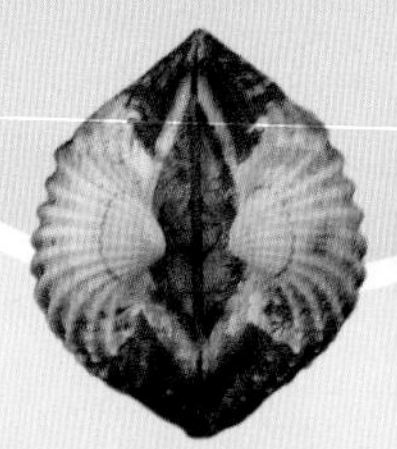

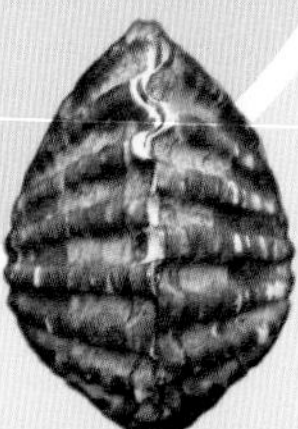

毛蚶

Anadara kagoshimensis

双壳纲 / 蚶科

毛蚶的贝壳边缘处有毛，贝壳上的纹路比泥蚶窄一些，肉里有鲜红的血液流动，也叫血蚶，一般比泥蚶大很多。

寻氏弧蛤

Arcuatula senhousia

双壳纲 / 贻贝科

寻氏弧蛤俗称海瓜子，贝壳呈卵状，壳极薄而易碎，表面灰白略带肉红色或浅绿色。

缢蛏

Sinonovacula constricta

双壳纲 / 灯塔蛏科

缢蛏的贝壳为长条形，两片贝壳相等，壳面为黄绿色。蛏子的两根水管很发达，它完全靠着这两个水管与海水连接，从入水管吸进食物和新鲜海水，从排水管排出废物和污水。蛏子遇到危险或极端不良的环境时，还会自断两根水管，迅速将身体全部躲入泥沙中。

每个蛏子体内都有一条透明的类似线绳的东西，叫晶杆，它是蛏子的一个消化器官。在蛏子进食时，晶杆作为搅拌机来带动肠胃蠕动，促进食物消化；当蛏子饥饿时，晶杆会自动溶解，用于充饥。

大竹蛏 *Solen grandis*

双壳纲 / 竹蛏科

大竹蛏又叫蛏子王，外形狭长，两壳合抱后呈竹筒状，故得竹蛏之名。

大竹蛏在浅海和潮间带沙中掘穴栖居，它们的出水管和入水管短而粗，常伸出壳外，受惊扰时水管收缩。竹蛏具有较高的营养价值，现已开始大规模人工养殖。

长竹蛏 *Solen strictus*

双壳纲 / 竹蛏科

扇贝又名海扇蛤，扇贝的游泳方式是用其上下两边的贝壳，通过贝壳的一开一合产生动力，喷出水流，之后用其反作用力推动自身前行。

扇贝营养丰富，个儿大，生长快、产量高，是软体动物中经济价值最高的类群之一。它的闭壳肌（扇贝柱）干制后即是“干贝”。

华贵栉[zhì]孔扇贝

Mimachlamys crassicostata

双壳纲 / 扇贝科

栉江珧[yáo]

Atrina pectinata

双壳纲 / 贻贝目 / 江珧科

栉江珧（俗称带子）有点像黄牛角，狭小的壳插入泥沙，伸展出足丝挂着海底，一株株繁衍出去，一片片竖立在水流中。幼小的栉江珧，壳是银白色或者淡黄色的，长大了是绿褐、淡褐色或者褐色，再老一点就变成黑褐色。不过壳里面的珍珠光泽越老越亮滑。

牡蛎就是生蚝，别名蛎黄、海蛎子。牡蛎肉肥爽滑，味道鲜美，营养丰富，含有丰富的蛋白质、脂肪、钙、磷、铁等，素有“海底牛奶”之美称。

牡蛎营固着生活，以左壳固着于坚硬的物体上，有群居的生活习性，由于互相挤压，外壳一般是非常不规则的。我国从宋代就开始养殖牡蛎了。有趣的是，养殖牡蛎并非全人工养殖，而是制造适合野生牡蛎附着的地方。比如插竹养殖法是在浅海里插竹子，收获时，外壳锋利的牡蛎会长满整根竹子以至于根本没有下手的地方。

近江巨牡蛎

Magallana ariakensis

双壳纲 / 牡蛎科

棘刺牡蛎

Saccostrea kegaki

双壳纲 / 牡蛎科

泥螺

Bullacta caurina

腹足纲 / 头楯目 / 长葡萄螺科

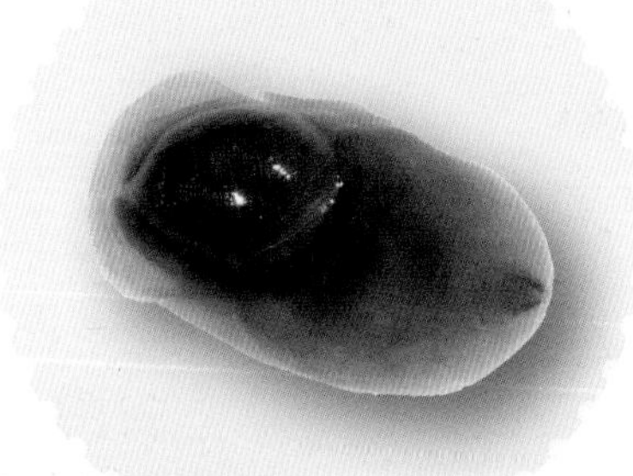

泥螺身体呈卵圆状，拖鞋状的头楯大而肥厚，身上有一枚无法完全包裹身体的白色或黄白色卵圆形薄脆贝壳。

泥螺是潮间带底栖生物，在风浪较小、潮流缓慢的河口或内湾尤其密集，主要摄食泥沙中的底栖硅藻、小型甲壳类、无脊椎动物的卵和有机腐殖质等。这些物质连同一部分泥沙被吃进去，无法利用的泥沙便会被陆续排出，好似黑色的“铁”，因此泥螺俗称“吐铁”。

泥螺为了繁育后代真是煞费苦心，每年5-6月的繁殖季节，泥螺在产卵时会像吹“气球”一样制造一个比自己身体大许多倍的透明胶质卵囊，然后泥螺往卵囊里产入数千上万枚卵。

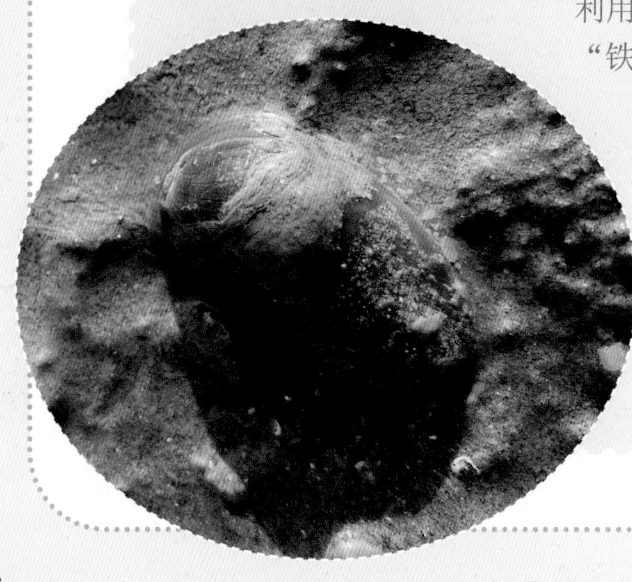

皱纹盘鲍

Haliotis discus hannai

腹足纲 / 原始腹足目 / 鲍科

鲍鱼名为鱼，实则不是鱼，是鲍科的海生贝类。鲍鱼呈椭圆形，肉紫红色，壳的背侧有一排贯穿成孔的突起。软体部分有一个宽大扁平的肉足，鲍鱼就是靠着这粗大的足和平展的跖面吸附于岩石之上，爬行于礁棚和洞穴之中。鲍鱼肉足的附着力相当惊人，任凭狂风巨浪袭击，都无法把它掀起。捕捉鲍鱼时，只能乘其不备，快速铲下或将其掀翻，否则即使砸碎它的壳也休想将它取下。

鲍鱼历来被称为海味珍品之冠，素有“一口鲍鱼一口金”之说，价格比较昂贵。

海洋杂技高手

章鱼俗称八爪鱼，是蛸科海洋软体动物的统称，砂蛸、长蛸和短蛸都是很常见的。别看章鱼长得呆头呆脑的，它们可是海洋里的高智商生物。人类大脑中约有1000亿个神经元，而章鱼也有约5亿个神经元，分布在它的头部和身体各处。章鱼不仅大脑发达，连8条腕上也有丰富的神经元。每条腕都能独立发生作用，在吸盘的配合下能打开紧闭双壳的贻贝，能制服拥有大钳子的螃蟹。

聪明的章鱼在危机四伏的海洋环境里练就了一身出色的本领。

变色术：章鱼体表分布大量的色素细胞，通过感官和神经元接受周围的环境信息，然后通过调整色素细胞的分布和显色来改变体色，使之与环境融为一体来进行伪装。章鱼爬到沙滩上，身体的颜色变成沙滩的浅色，爬到淤泥滩涂上，又变成滩涂的黑色，而且体色切换很快速，大大降低被天敌发现的概率。

砂蛸

Amphioctopus aegina

与环境融为一体的砂蛸

头足纲 / 八腕目 / 蛸科

章鱼、乌贼、鱿鱼是日常最常见的头足类“三大巨头”，也是普通大众最容易接触到的头足类三大类群，但它们常常被人们所混淆。

章鱼具有8条腕足，身体呈圆形或椭圆形，除口中硬的角质颚外全身柔软，贝壳完全退化消失，无“内骨骼”，可以理解为“没骨头”。

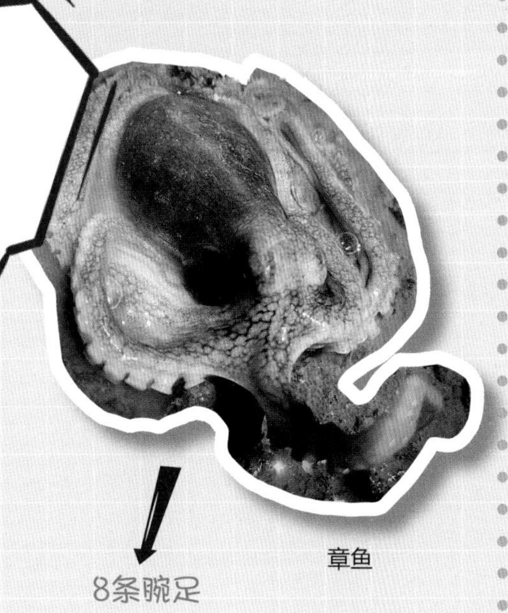

章鱼

乌贼具有10条腕足，其中2条腕足特别长，外形扁平宽大，像一把铲子，贝壳演化为船形的石灰质内骨骼，有“硬骨头”。

乌贼

鱿鱼与乌贼一样，具有10条腕足，其中2条腕足特别长，但鱿鱼的身形较乌贼更苗条，十分狭长，呈长锥形，贝壳已退化，仅在体内残存一根细长且较柔软的膜状内骨骼，因而只具有“软骨头”。

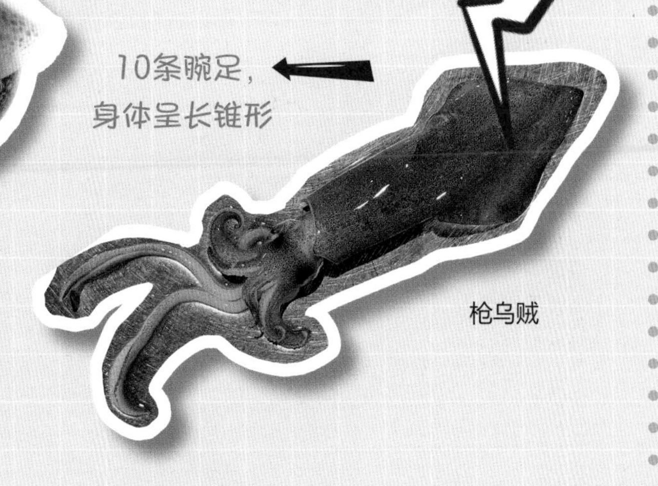

枪乌贼

由于物种分布的差异，语言环境的不同，加上渔业文化等的影响，全国各地对于常见头足类物种的俗称可谓五花八门。

中华蛸

Octopus sinensis

头足纲 / 八腕目 / 蛸科

断腕求生： 章鱼在遇到危险，比如腕足被螃蟹死死夹住的时候，它们会毫不犹豫放弃被夹住的腕足，选择断腕求生，好在它们有8条腕足，断了两三条对于日常行动影响不大，且很快会重新长出来。

缩骨术： 章鱼的贝壳完全退化消失，身体柔软，练就了神秘的缩骨术，伸缩自如，利用这个技能，章鱼可以在很小的缝隙里休息以躲避天敌攻击。

喷墨逃生术： 章鱼体内有一个墨囊，当遇到危险时，章鱼会将喷出黑色墨汁，将周围环境搅浑之后趁机逃之夭夭。

长蛸

Octopus variabilis

头足纲 / 八腕目 / 蛸科

台湾小孔蛸

Cistopus taiwanicus

头足纲 / 八腕目 / 蛸科

嘉庚蛸

Octopus tankahkeei

头足纲 / 八腕目 / 蛸科

红蛸

Callistoctopus luteus

头足纲 / 八腕目 / 蛸科

豹纹蛸（蓝环章鱼）

Hapalochlaena cf. *fasciata*

头足纲 / 八腕目 / 蛸科

发烟雾弹的“贼”

柏氏四盘耳乌贼
Euprymna berryi

头足纲 / 乌贼目 / 耳乌贼科

有一个古老的故事讲一个狡猾的人去借钱，用乌贼体内的墨汁写下借条，故意拖着不还。这种墨刚写时很新鲜，半年后就消失无痕了。于是人们把乌贼体内的墨汁看成是行骗工具，骂之为“乌贼”。

乌贼体型中等，体内有一副长椭圆形的石灰质内骨骼。乌贼体内的墨汁是用来保护自己的武器，遇到危险时，它们会喷出墨汁，把周围的海水染成烟雾状的黑色，以此迷惑和麻痹敌害，趁机逃之夭夭。乌贼积蓄墨汁需要很长的时间，不到万不得已，它们是不会轻易喷墨的。

曼氏无针乌贼
Sepiella maindroni

头足纲 / 乌贼目 / 乌贼科

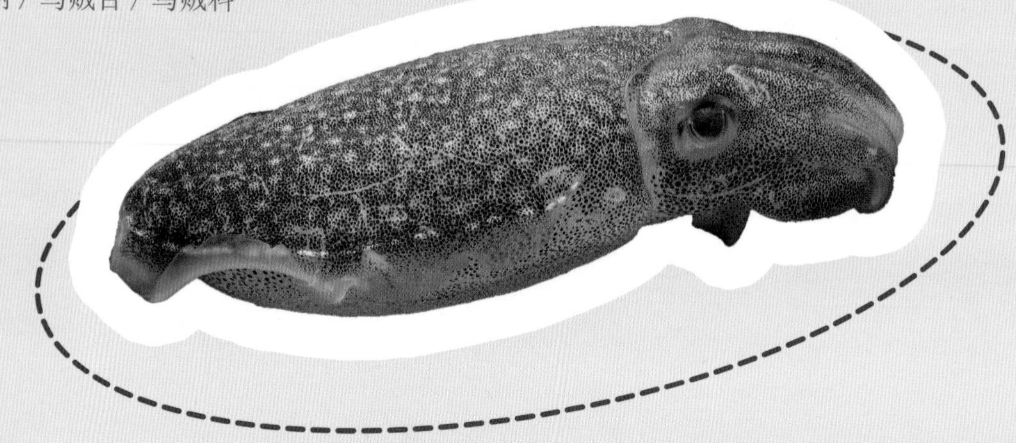

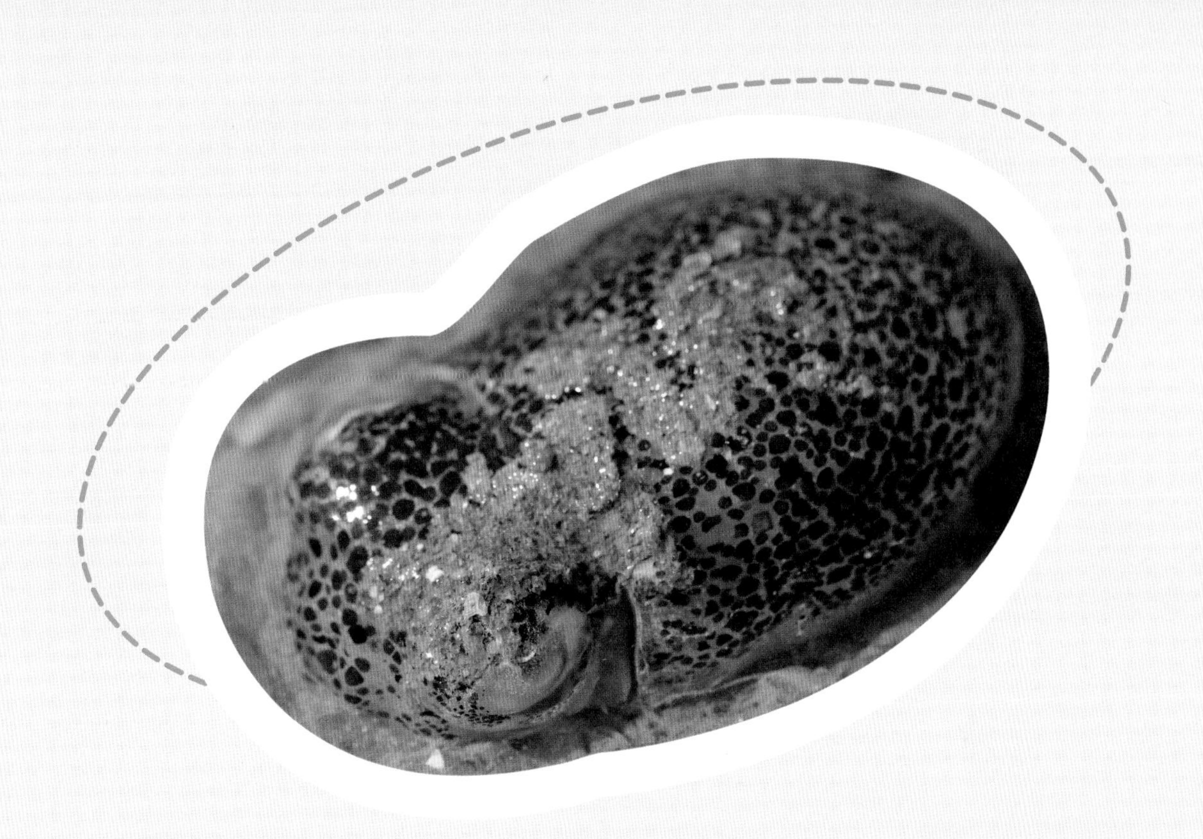

柏氏四盘耳乌贼

后耳乌贼

Sepiadarium kochii

头足纲 / 乌贼目 / 后耳乌贼科

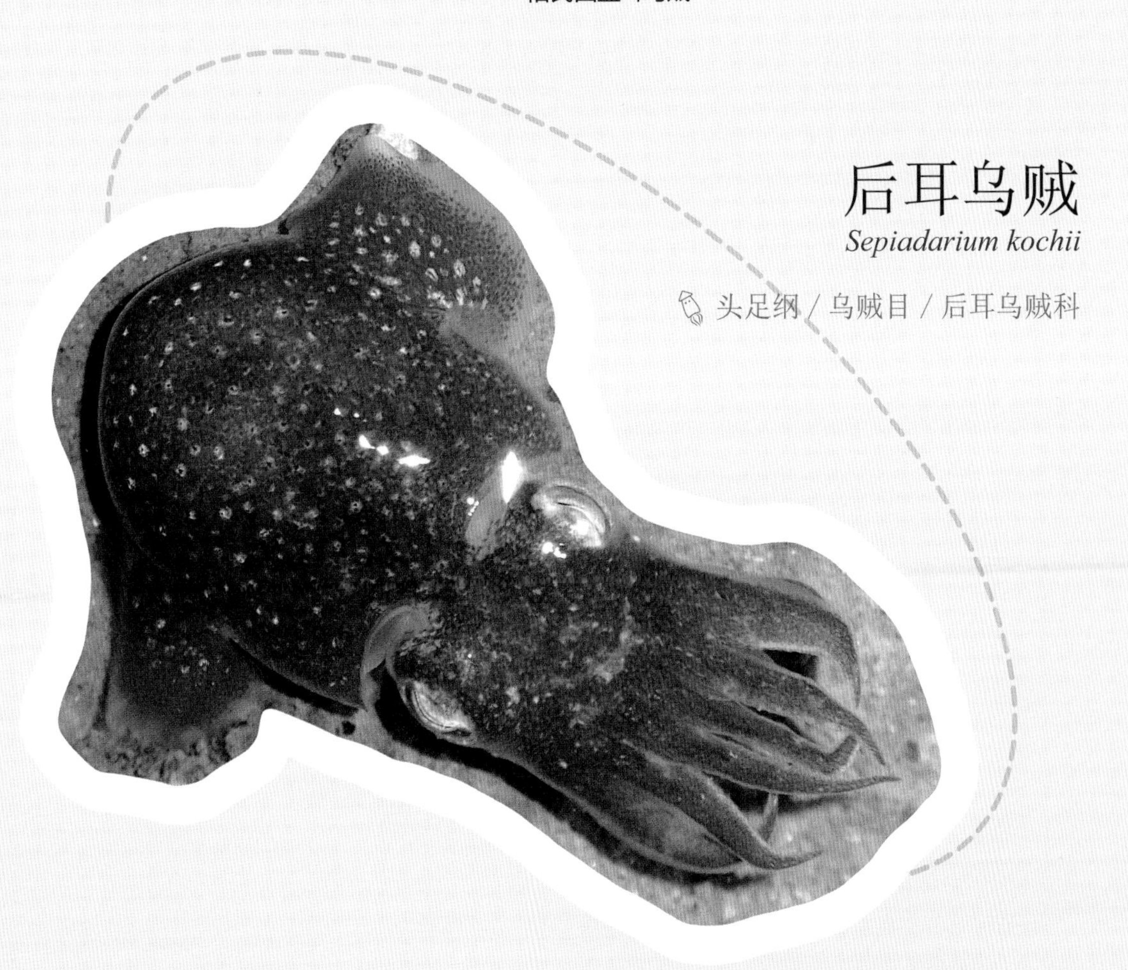

枪乌贼是我们常说的鱿鱼。枪乌贼头小，体稍长，呈锥状，两片肉鳍在身体后端相连，呈菱形。体形似标枪的枪头，故称枪乌贼。它们的体内有两片鳃作为呼吸器官。

东山岛俗称的“小管”，主要种类就是小型的枪乌贼。名字和模样一样可爱有趣。每年的七八月份是东山岛的鱿鱼季，也是捕捞小管的好时候。小管喜欢光，岛上的渔民会根据小管的趋光性特点来捕获它们，先打开白色灯，将小管聚集到有光的海底，再用桶罩住灯泡，将其引诱出水面，最后用抄网捞起。

火枪乌贼

Lolious beka

头足纲 / 乌贼目 / 枪乌贼科

能吃的海藻

藻类植物是一类含有叶绿素和其他辅助色素、能进行光合作用的低等植物。大多数生活在海水中，称为水生藻，是海洋的初级生产者。

PLANT

马尾藻 *Sargassum*

褐藻门 / 墨角藻目 / 马尾藻科

马尾藻藻体黄褐色，可直接吸收海水中的养分，并通过分裂成片然后独立生长的方式蔓延开来，即便是远离海岸几十米的深海，也能生生不息地繁衍。

马尾藻也是经济鱼类、贝类和其他重要水产资源的栖息、产卵和护幼场所，是海岸带生态系统的重要组成部分。

海石花其实是一种长在礁石上的海藻，通常呈红褐色的，就如盛开在海底岩石上的花朵。海石花喜欢生长在水深6-10米处，水质清净，潮流畅通，盐度较高的海底岩石上，生长速度很缓慢。它需要阳光，也需要海水，礁石要刚好有海水浸到，但又不能浸得太深，否则阳光照射不到。在受光多的海区往往呈淡黄色，受过污染的海水也长不出海石花，人工难以营造这样苛刻的繁殖环境，海石花基本都是天然产品。

GOOD TASTE

我是解暑
小能手

因为富含胶质，海石花洗净后经过熬制再冷却凝固，就形成了果冻状。看似普通寻常的一块海石花，从采摘到成型，足足需要6个多小时。海石花在东南沿海一带是一种消暑的饮品。

海石花 *Gelidium amansii*

红藻门 / 石花菜目 / 石花菜科

海带 *Laminaria japonica*

褐藻门 / 海带目 / 海带科

海带，别名昆布、江白菜，是多年生大型食用藻类，生长在海底的岩石上飘带。巨型海带能长到500多米，常吃的大海带一般都在2-3米，是全国食用最广泛的海藻之一。

很多人平时见到的海带都是绿色的，其实这都是经过加工后才变成的。因为海带里含有叶绿素、藻黄素等物质，海里刚打捞上来的新鲜海带原本是褐色的，在被热水烫过后，海带里除叶绿素以外，其他物质都会被溶解，这就是海带加热后就会变色的原因。

海带含有大量的碘

石莼 *Ulva lactuca*

绿藻门 / 石莼目 / 石莼科

石莼也叫海青菜，是一种常见的海藻，呈片状，近似卵形的叶片体由两层细胞构成，鲜绿色。石莼的基部以固着器固着于岩石上，生长在海湾内中、低潮带的岩石上。

石莼的外形很美，呈黄绿色，像一把绿色的小伞，给人一种清新的感觉。它叶片很小，形状像一片片小小的荷叶，非常可爱。它们生长在潮间带的礁石上，远远看去就像长势茂盛的荷田。

江蓠 *Gracilaria lemanei formis*

红藻门 / 杉藻目 / 江蓠科

俗称海面线

江蓠是一类紫褐色或紫黄色、绿色的海藻，生长在有淡水流入和水质肥沃的湾中，尤其在风浪较平静，水流畅通，地势平坦，水质较清的港湾中。在福建俗称海面线，在北方沿海常被称为龙须菜。

江蓠有较强的繁殖能力，切下的枝段可以再生新枝，长成新藻体，接近海水表面的江蓠，光合作用旺盛，生长迅速。

紫菜 *Porphyra*

红藻门 / 红毛藻目 / 红毛藻科

紫菜，是海洋里的一类古老的低等藻类。它结构简单，没有根茎叶的分化，而是靠丝状体贴生在岩石上或其他藻类上面。紫菜细胞中含有藻红素，新鲜时呈现深浅不同的紫红色。但是经过加工、储存和运输之后，藻红素迅速被分解，只剩下了绿色的叶绿素，使它呈现绿色。

因此，我们可以靠紫菜的颜色来大致判断它的新鲜程度。如果紫菜加热过度或者储存时间过长，导致叶绿素也被分解了的话，它就会变成深褐色。

紫菜的品种很多，现已发现的就有70多种，主要品种有“坛紫菜”“条斑紫菜”“圆紫菜”等。早在元朝时期，就已经有了霞浦人养殖紫菜的历史记录，霞浦县被称为“紫菜之乡”。

ZI CAI

钻泥沙的虫子

光裸方格星虫

Sipunculus nudus

方格星虫纲 / 方格星虫科

俗称沙虫、海肠子，它体表光亮无毛，一般为亮肉粉色。管状的体壁上纵肌和环肌相互交错形成网格状纹路，这也是方格星虫名称的由来。

沙虫栖息于温暖海域的潮间带或泥沙质海底，低温季节会潜入泥沙中，只有每年的5-10月间才会在滩涂上现身。现身期间，每当涨潮时沙虫钻出来摄食，退潮后则藏回洞中，受到扰动时会迅速缩回沙洞深处，因此不易采挖。

弓形革囊星虫

Phascolosoma arcuatum

革囊星虫纲 / 革囊星虫科

弓形革囊星虫身体呈管状，直径如手指的小指一般，长6-10厘米，体表灰褐色或浅黄褐色，周身遍布着不完整的钩环，吻部细长如火柴梗，可以自由伸缩和膨胀。

弓形革囊星虫俗称泥丁、土笋，是闽南著名小吃“土笋冻”的原材料。

弧边管招潮

招潮蟹潮退而出，潮涨而归，随着潮水的涨落安排自己的生活节奏。雄蟹多具有舞动大螯的这个标志性动作，被解读为有招潮之意，被命名为招潮蟹。招潮这个标志性动作蕴含着多种意义，其中最重要的是警示作用，如果一只雄蟹走近别家地盘，“地主”便会摇动大螯，作为警告信号；或者用大螯在自己的甲壳或淤泥地面上拍打，通过声音发出警告。另外，大螯有时也是求偶工具，有几种招潮蟹更是利用这种拍击声吸引雌蟹进洞。

弧边管招潮

Tubuca arcuata

软甲纲 / 十足目 / 沙蟹科

弧边管招潮的洞穴

拟屠氏管招潮

Tubuca paradussumieri

软甲纲 / 十足目 / 沙蟹科

拟屠氏管招潮 / 雌

北方丑招潮

Gelasimus borealis

软甲纲 / 十足目 / 沙蟹科

乍一看，雄性招潮蟹最大的特点就是两只钳子一大一小。其实，雄性招潮蟹的幼体与雌性一样，两只都是小钳子，有趣的是，即便日后它的大螯因打斗等原因丢失，新的大螯会原地再生，保留下来的小螯并不会变大。

虽然招潮蟹以“招潮”的动作闻名，但此动作并非真的能招潮

招潮蟹口中有一个特别的构造，可以将食物分类和过滤，把不能利用的残渣由小螯取出丢回地面，集中形成一粒粒小沙球，称之为“拟粪”。

清白南方招潮

Austruca lactea

软甲纲 / 十足目 / 沙蟹科

AOCHAO

带盾牌的蟹

关公蟹因甲壳表面的人面纹酷似京剧中关公的脸谱而得名。不过，它们徒有这副外表，却一点儿也没有关公的胆识和气度。关公蟹个头很小，作为御敌武器的螯足更小，吓唬不了那些捕食者。

伪装仿关公蟹常常背着一种海葵，与海葵共生，犹如古代士兵携带盾牌。它们利用退化的两对步足紧紧钩住海葵背在背上，去哪里都形影不离。

伪装仿关公蟹借助海葵那可以释放毒素的触手吓退敌人，甚至在危险的时候，借机利用海葵掩护自己脱逃。而海葵在海里行动缓慢，利用关公蟹得以被携带“周游四方”，以扩大捕食范围。

不过，真当遇见敌害时，它们也可能抛弃掉背上的伪装物，用来转移捕食者的注意力趁机逃走。

聪明关公蟹

Dorippe astuta

软甲纲 / 十足目 / 关公蟹科

德汉劳绵蟹

Lauridromia dehaani

软甲纲 / 十足目 / 绵蟹科

带天线的蟹

“大眼蟹长着扁平的方形背甲，背甲上有很多绒毛。它们有着与招潮蟹相似的柄眼，就像一个天线接收器，即使将身子埋在水中或泥沙中，它也一样能用眼睛观察周围的环境，从而躲避天敌。

万岁大眼蟹

Macrophthalmus banzai

软甲纲 / 十足目 / 大眼蟹科

短身大眼蟹

Macrophthalmus abbreviatus

软甲纲 / 十足目 / 大眼蟹科

绒毛大眼蟹

Macrophthalmus tomentosus

软甲纲 / 十足目 / 大眼蟹科

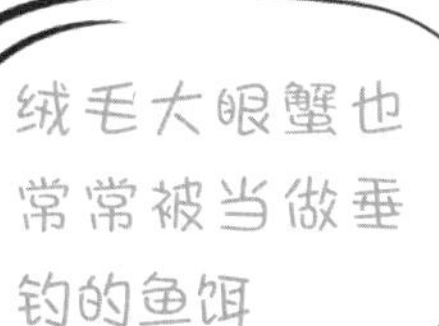

它们在泥滩上一有空就出来勤劳地觅食，稍有动静就溜回到自己的洞穴里。天气好的时候，它们会在太阳底下把自己潮湿的身体晒干。有时候人们望眼过去看到一群斑白的蟹，那是大眼蟹背甲上的泥土被晒得发白。

绒毛大眼蟹也常常被当做垂钓的鱼饵

骨骼清奇的蟹

身子虽小，“手儿”很大

锯缘武装紧握蟹

Enoplolambrus laciniatus

软甲纲 / 十足目 / 菱蟹科

锯缘武装紧握蟹是一种经历多次改名的蟹类。最开始叫“千人捏”，意思是蟹壳硬度非常高。这是一种长相不太协调的螃蟹，身子虽小，但螯足却有身体的几倍之大，看起来就像起重机的臂。

它的步足很短小，紧紧地缩在身体下面。整个外表看起来就像块覆盖海草的礁岩，厚重的甲壳再加上壳上布有利刺，可以躲避掠食者的攻击。

遇到危险时，它们只能依靠身上的尖刺及厚厚的甲壳来抵御猎食者的攻击。螯足虽然强壮但是动作迟缓，不能快速应对突发的攻击，但是双钳却力大无穷，能轻松夹碎贝壳。

强壮武装紧握蟹

Enoplolambrus validus

软甲纲 / 十足目 / 菱蟹科

长手隆背蟹

Carcinoplax longimanus

软甲纲 / 十足目 / 长脚蟹科

长手隆背蟹头胸甲呈卵圆形，背部隆起，雄性长手隆背蟹的螯非常细长而强壮，也叫红蟹、长臂猿蟹。

害羞的蟹

逍遥馒头蟹
Calappa philargius

软甲纲 / 十足目 / 馒头蟹科

馒头蟹粗壮的螯足，足以把它的“脸”给遮住，看起来很害羞的样子，馒头蟹在英文里还有另外一个名字，就叫shame-faced crabs，即害羞蟹。逍遥馒头蟹头胸甲很宽，背部高高隆起，眼睛后面有两块红斑。从蟹壳上看，它的壳长得十分粗壮坚实，但如果从腹部看，它的腿却和身材不成比例，特别细。这也决定了它们不是速度型选手，而是坦克型的壮汉。逍遥馒头蟹平时会将自己的身体埋入海底泥沙里，露出眼睛观察周围环境。

粗壮的螯足同时也是有力的开壳工具。它在海底搜寻贝类，一只螯夹住贝壳并夹碎，另一只螯撬开贝壳大快朵颐。

逍遥馒头蟹平时单独活动，在繁殖期，雄蟹通常会用螯足抱着雌蟹行走。

直走的蟹

短指和尚蟹

Mictyris brevidactylus

软甲纲 / 十足目 / 和尚蟹科

短指和尚蟹个头很小，在沙地上健步如飞。大部分螃蟹都是左右横行，而短指和尚蟹却可以向前爬行，这和它们步足关节可以多角度弯曲有关。

当遇上危险，短指和尚蟹便会将身体侧立起，一边用脚挖沙，一边以螺旋方式转动身体，就像转螺丝钉一样把自己的身体旋进沙里。在退潮时它们会集体出现，它们一边爬行，一边快速进食。

和尚蟹是利用双螯刮取沙土送入口器中、滤食沙土里面的有机碎屑，过滤后的沙土堆积成一颗颗小沙球。

海里的“蜘蛛”

它们的形态长得很像蜘蛛，身上长有许多尖刺和刚毛。有时候会把环境中的苔藓虫、海绵、海藻等生物“穿戴”在身上伪装自己。

四齿矶蟹

Pugettia quadridens

软甲纲 / 十足目 / 卧蜘蛛蟹科

倘若不是它们慢步轻移，暴露了身份，和一丛苔藓虫还真没区别。

尖刺棱蛛蟹

Prismatopus aculeatus

软甲纲 / 十足目 / 蜘蛛蟹科

尖刺棱蛛蟹

肉球近方蟹

Hemigrapsus sanguineus

软甲纲 / 十足目 / 弓蟹科

这类螃蟹，手脚修长，身材扁平，喜欢栖息在低潮线的岩石下或石缝中，外壳略显方形，表面前凸后平，前半部分表面有颗粒及血红色的斑点，颜色深，后半部分较平坦，颜色浅。

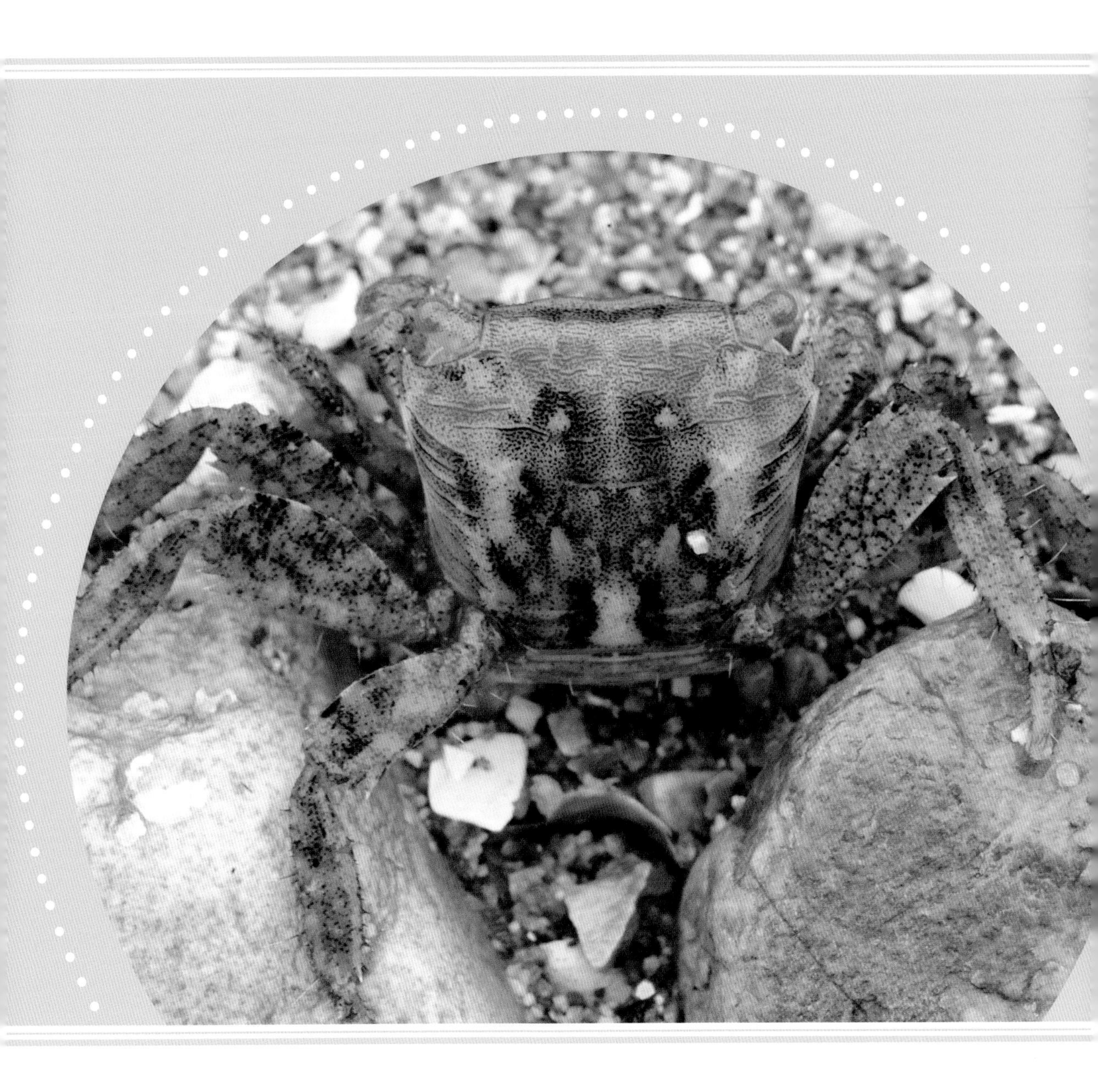

四齿大额蟹

Metopograpsus quadridentatus

软甲纲 / 十足目 / 方蟹科

四齿大额蟹与岩石融为一体，它们穿着石褐色迷彩服，有着一双紫里透黑的大螯。它们不仅善于攀登崎岖岩石，遇到危险时还会迅速躲进岩石缝隙中“夹缝求生”。这种螃蟹性情比较凶猛，分分钟能夹死一只小螃蟹。

平背蜞

Gaetice depressus

软甲纲 / 十足目 / 弓蟹科

平背蜞在东南沿海尤为常见，体型较为方正，多栖息于岩礁、碎石或牡蛎礁等环境。

伪装是平背蜞的看家本领。它们擅长根据不同的生境演化出不同的颜色，与环境几乎融为一体。平背蜞背部的颜色、花纹极为多变，很难以颜色作为依据，静止不动的时候不仔细观察都不一定能发现。

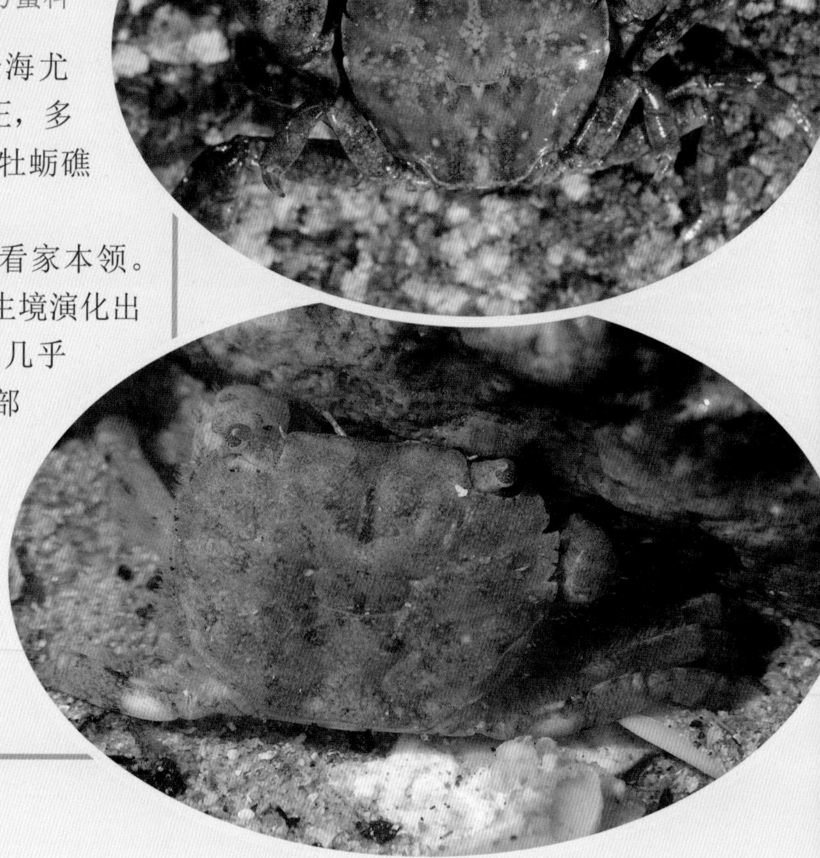

隆线强蟹

Eucrate crenata

软甲纲 / 十足目 / 宽背蟹科

侧足厚蟹

Helice latimera

软甲纲 / 十足目 / 弓蟹科

侧足厚蟹喜欢生活在潮间带，而伍氏拟厚蟹喜欢生活在潮间带至潮下带泥滩。

它们不但善于在岩石上攀行，遇到危险，还可以迅速地躲进岩石缝隙中“夹缝求生”，飞檐走壁样样精通。

伍氏拟厚蟹

Helicana wuana

软甲纲 / 十足目 / 弓蟹科

痕掌沙蟹

Ocypode stimpsoni

软甲纲 / 十足目 / 沙蟹科

沙滩上的短跑选手

在沙滩能经常看到痕掌沙蟹快速奔跑的身影，动作极为敏捷。它的体色与沙色相近，气温升高时，体色变红。

角眼沙蟹

Ocypode ceratophthalmus

软甲纲 / 十足目 / 沙蟹科

角眼沙蟹有一对长圆形的眼睛，眼睛的顶端还长有一个角状突起，好似天线。它在快速奔跑时会常常将身体拱起来，腹部不着地，同时将最后一对步足收起，仅利用其他三对步足的快速交替运动，就实现了在沙滩上飞奔。

其实，角眼沙蟹是蟹类中的短跑健将。抓过沙蟹的人都知道，它们的变向简直是无敌的，很快就可以把你成功甩掉溜回洞中。

和许多小动物一样，角眼沙蟹拥有特殊的变色能力，它们的外壳可以随着环境颜色的改变而改变，将自己与周边环境融为一体，躲避天敌和猎手。沙滩颜色越浅，角眼沙蟹的颜色也会越浅，沙滩颜色越暗，它们外壳的颜色也越深。

带纹化玉蟹

Seulocia vittata

软甲纲 / 十足目 / 玉蟹科

会装死的螃蟹

玉蟹身体圆圆，有的玉蟹拥有玉石一样的温润外观，腹部扁平，背部突起，从上往下看成圆形，个头很袖珍。外壳坚硬沉重，有“千人捏不死”的外号，提供保护的同时也让它们的行动变得缓慢。它们在受到惊吓或攻击时会把八只步足往腹部缩，一动不动地装死，以此保护自己。

由于动作缓慢，玉蟹在偌大的泥沙滩上遇到同类异性的概率并不高。在繁殖期，雄蟹一旦求偶成功，就会紧紧抱住雌蟹不放手，即使遇到危险，雄蟹也会紧紧抱着雌蟹逃跑。

豆形肝突蟹

Pyrhila pisum

软甲纲 / 十足目 / 玉蟹科

好男人就是我，跟了我准没错

豆形肝突蟹的步足关节可以灵活弯曲，会横着走也会竖着走。

隆线肝突蟹

Philyra carinata

软甲纲 / 十足目 / 玉蟹科

“游”刃有余的健将

红线黎明蟹

Matuta planipes

软甲纲 / 十足目 / 黎明蟹科

在退潮后的沙滩上，一些低洼的小水坑里会冒出一股小水柱，制造出水柱的是躲在沙子里的黎明蟹。它扁扁的步足像船桨一样，在水里左右划动让自己身体漂浮起来，是蟹类里的游泳高手。它们也善于潜沙遁地，在沙地上划动步足摇摆身体扭扭几下就钻到沙子里面去了，把整个身体隐藏起来，动作十分敏捷。黎明蟹除了用坚硬的外壳来抵御敌人，头胸甲左右两侧还长出长长尖刺，让捕食者无从下嘴。

胜利黎明蟹

Matuta victor

软甲纲 / 十足目 / 黎明蟹科

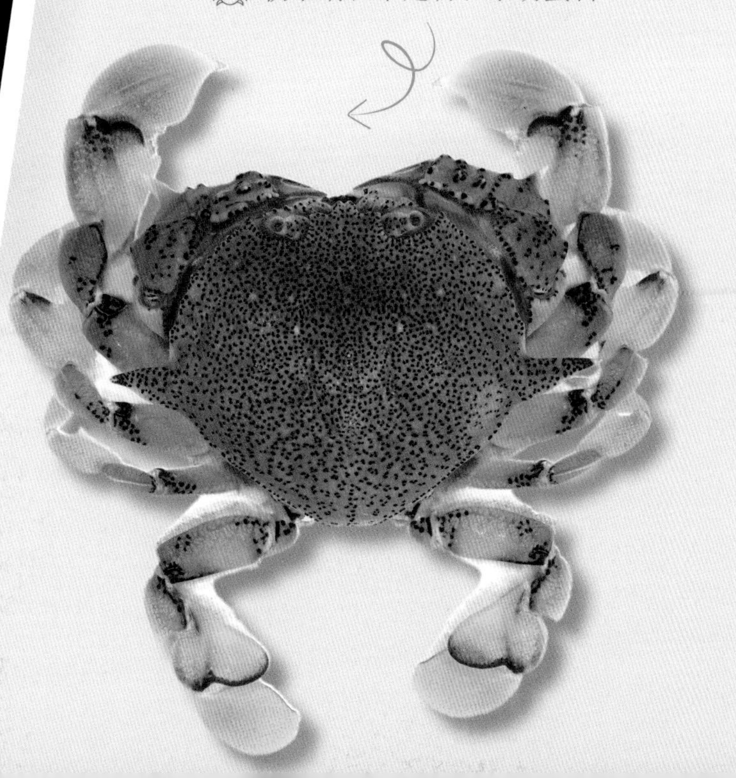

沙滩上的滚球高手

股窗蟹个头很小，类似豌豆大小，包含了多种物种。退潮时沙滩上的股窗蟹只在洞穴周围快速摄食，滤食沙粒中的有机碎屑，食渣经第三对步足积成沙球（拟粪）。

圆球股窗蟹

Scopimera globosa

软甲纲 / 十足目 / 毛带蟹科

长趾股窗蟹

Scopimera longidactyla

软甲纲 / 十足目 / 毛带蟹科

长趾股窗蟹

长趾股窗蟹

韦氏毛带蟹
Dotilla wichmanni
软甲纲 / 十足目 / 毛带蟹科

ST
韦氏毛带蟹是“沙画艺术家”，喜欢穴居在潮间带的泥沙中，靠过滤泥沙里的大量有机物为生，在进食时一只螯抓取沙子往口器里塞，一只螯接住过滤后的沙挤出小沙球，一套动作行云流水，能把“厨余垃圾”都摆出各种艺术造型。

有毒的蟹

它们的外形像一把扇子，特点就是鲜艳美丽，扇蟹科的螃蟹大部分有毒，严格来说它们本身是没毒的，但是它可以通过吃有毒的海藻，把海藻里面的河鲀毒素集中在自己身体里。

爱洁蟹常常被商家冒充面包蟹出售。

正直爱洁蟹

Atergatis integerrimus

软甲纲 / 十足目 / 扇蟹科

细纹爱洁蟹

Atergatis reticulatus

软甲纲 / 十足目 / 扇蟹科

特异大权蟹

Macromedaeus distinguendus

软甲纲 / 十足目 / 扇蟹科

整洁银杏蟹

Actaea pura

软甲纲 / 十足目 / 扇蟹科

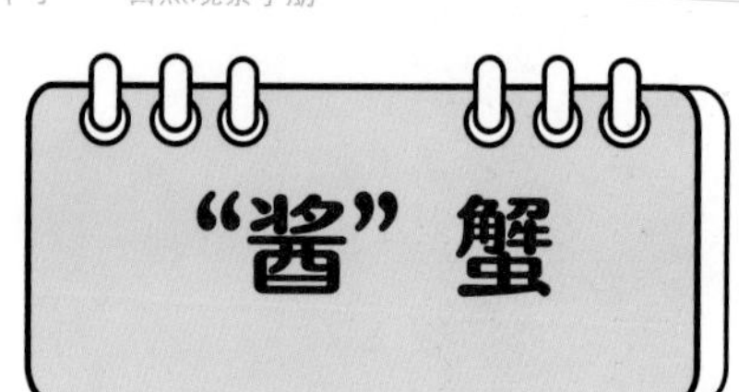

中华东方相手蟹

Orisarma sinense

软甲纲 / 十足目 / 相手蟹科

相手蟹既能在海水中生存，有些种类也能在淡水中活得很好。体型较小，整体呈方形，但双螯粗壮，有青灰色和红色等不同种类，它们的钻洞能力很强，常常穴居于江河口岸滩、沟渠等处的洞穴中或靠近大海的滩涂湿地。

无齿东方相手蟹

Orisarma dehaani

软甲纲 / 十足目 / 相手蟹科

无齿东方相手蟹

福州人把它们统一称为蟛蜞。蟛蜞没什么肉，口感也不好，蟛蜞秋冬季节成熟时最肥美，福州人喜欢拿来做蟛蜞酱，当做佐餐酱品小食和调味品。据说越经久的蟛蜞酱越好吃，以前民间常把一坛坛蟛蜞酱用红泥封严盖，再用塑料布包裹整只坛，然后埋于庭院里。存放几年，甚至十几年后再挖出来食用，味道甚佳。

制作蟛蜞酱：将蟛蜞洗净剁碎，加食盐、砂糖、红酒糟、高粱酒等调料，腌制数日即成蟛蜞酥，捣烂后就是蟛蜞酱。

生猛的梭子蟹

颗粒蟳螯足的掌节与长节之下侧面均长有鳞状颗粒隆脊；日本蟳在东南沿海较为常见，也叫石蟹，它们生性好争斗，一般各自占据一定面积为地盘；晶莹蟳的胸甲上有4个黄色斑点；善泳蟳俗称黑蟹，以其敏捷的游泳能力而得名，能够迅速在遇到威胁时逃避捕食者；锈斑蟳俗称红花蟹，全身都有红褐色及暗褐色的斑纹，是最醒目的特色。在胃区两侧有突出形成十字形的条纹，好像背着十字架，又有人称之为十字蟹。

日本蟳

Charybdis japonica

软甲纲 / 十足目 / 梭子蟹科

晶莹蟳

Charybdis lucifera

软甲纲 / 十足目 / 梭子蟹科

武士蟳

Charybdis miles

软甲纲 / 十足目 / 梭子蟹科

蟳

锈斑蟳

Charybdis feriata

软甲纲 / 十足目 / 梭子蟹科

颗粒蟳

Charybdis granulata

软甲纲 / 十足目 / 梭子蟹科

善泳蟳

Charybdis natator

软甲纲 / 十足目 / 梭子蟹科

蟳

三疣梭子蟹

Portunus trituberculatus

软甲纲 / 十足目 / 梭子蟹科

红星梭子蟹

Portunus sanguinolentus

软甲纲 / 十足目 / 梭子蟹科

梭子蟹，有些地方俗称白蟹。腹部扁平，俗称“蟹脐”，雄蟹腹部呈三角形，雌蟹呈圆形，雄蟹背面多呈茶绿色，雌蟹背面多呈紫色，腹面均为灰白色。

三疣梭子蟹表面有3个显著的疣状隆起，一个在胃区、两个在心区。因其形体似椭圆，两端尖尖如织布梭，故名三疣梭子蟹。红星梭子蟹表面有3个显著的点状隆起，又称三点蟹、三眼蟹。

梭子蟹畏强光，白天多潜伏在海底，有时仅露出眼和触角，潜入较浅。夜间则游到水层觅食。它们的体色随周围环境而变异，生活于沙底的个体呈浅灰绿色，生活在海草间的个体体色较深。

青蟹
QINGXIE

一般情况下，青蟹又称膏蟹、菜蟹、肉蟹，也叫红蟳，是青蟹中体型较大的一种。

青蟹活动敏捷，感觉器官十分灵敏。夏天喜欢在高潮带用步足支起身体，低温时则潜伏在泥沙中，仅露出双眼。白天的时候多会潜藏在自己挖掘的洞穴中，夜晚时会外出寻觅所需要的食物。

交配后的雌蟹，如果环境条件适合，性腺会很快开始发育，1个多月后，卵巢（蟹膏）就会充满整个头胸甲。

锯缘青蟹
Scylla serrata

软甲纲 / 十足目 / 梭子蟹科

拟穴青蟹

Scylla paramamosain

软甲纲 / 十足目 / 梭子蟹科

海中跳动的音符

日本海马

Hippocampus mohnikei

辐鳍鱼纲 / 海龙目 / 海龙科
国家二级重点保护野生动物
（仅限野外种群）

海马是长得最不像鱼的鱼类，因头部跟马长得很像，被叫作海马。日本海马的嘴呈吻管状，很短。吻管状的嘴巴不能张合，这是日本海马和其他海马最大的区别。

日本海马

日本海马平时比较喜欢栖息在沿海中潮线至低潮线中间的海藻丛中，其实它可以在海底直立行走和游动。海马游动地时候显得非常轻盈，看起来像是跳动的音符。海马尾部进化成卷曲的形状是为了方便钩住一些海藻。

三斑海马

Hippocampus trimaculatus

辐鳍鱼纲 / 海龙目 / 海龙科

国家二级重点保护野生动物（仅限野外种群）

雌海马产卵期时将成熟的卵送入雄海马尾部腹面的育儿囊，雄海马会排出精液，从而形成受精卵在雄海马的育儿囊内繁殖，海马可以说是由“爸爸”负责带娃。

会走路的鱼

棘绿鳍鱼

Chelidonichthys spinosus

辐鳍鱼纲 / 鲉形目 / 鲂鮄科

别名绿鳍鱼，胸鳍的前端左右各有三指状在海底爬行，形似蟹爪的小“腿”，它们就是利用这个三指状游离鳍条翻动海底的沙子，寻找躲藏在沙里的小鱼小虾小蟹。展开的胸鳍看起来像一对翅膀，它们还拥有把鳍条当“腿”在海底爬行的技能。绿鳍鱼全身通红，唯有胸鳍青绿，宽大的胸鳍展开时宛如蒲扇，又像一对美丽的蝴蝶翅膀。

迷惑高手

朴蝴蝶鱼

Roa modesta

辐鳍鱼纲 / 鲈形目 / 蝴蝶鱼科

捕猎者常常会攻击猎物头部一击致命，水中的捕猎者一般倾向于攻击眼睛。很多鱼为了将捕猎者的攻击目标从自己重要的部位上移开，都进化出了极具欺骗性的眼状斑点。这些具有欺骗性的眼状斑点往往都是靓丽的颜色，而另一边真正的眼睛是“暗淡无光”。朴蝴蝶鱼的鱼尾进化成头部的模样，就是用来迷惑捕猎者。对蝴蝶鱼来说，比起头部被咬，仅仅是尾巴掉一块肉，活下来的概率会更高。

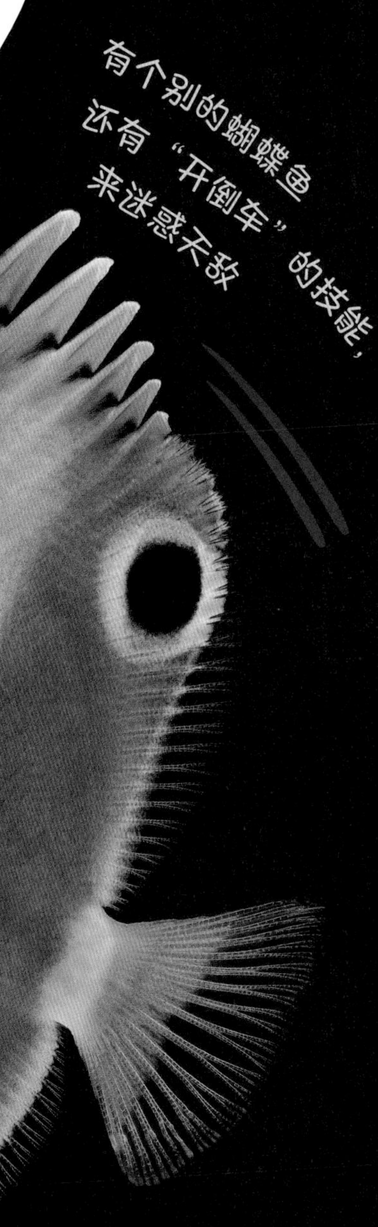

靠脸吃饭的鱼

赤魟 *Hemitrygon akajei*

辐鳍鱼纲 / 鲼形目 / 魟科

笑脸鱼

这一类的鱼都是鼻孔、嘴巴朝下，整个胸鳍很像一对大翅膀，游泳的时候就像飞行一样。看着它们的腹部好像一个大脸盘子中间长着小小的“眼睛”（其实是鼻孔）、嘴巴。它是海洋馆的明星物种，常常被当成“笑脸天使”。

绝大多数种类无尾鳍和背鳍，尾部细长有毒刺，触摸鱼尾有中毒风险。

中国团扇鳐 *Platyrhina sinensis*

辐鳍鱼纲 / 鲼形目 / 团扇鳐科

中国团扇鳐，体盘平扁，看起来像一把团扇，背部呈棕黄色，与海底环境的颜色接近，喜欢在泥沙质的海底活动，它是玩捉迷藏的高手，可以摆动胸鳍掀起海底的沙，来盖住整个身体，只露出尾巴。

鳐鱼的尾部较为发达，具有明显的背鳍及尾鳍，可以通过摆动尾部游动，看起来很像“半鲨鱼半魔鬼鱼”。有些鳐鱼的背鳍、尾鳍退化，只能通过体盘波动的方式游动，看起来很像魟鱼，但我们可以根据是否有背鳍和尾鳍来区分，魟鱼没有背鳍，尾鳍已经退化；鳐鱼有背鳍和尾鳍。

带鱼竿的鱼

A FISH

带纹躄[bì]鱼

Antennarius striatus

辐鳍鱼纲 / 鮟鱇目 / 躄鱼科

带纹躄鱼身上长着老虎一样的花纹。两个胸鳍特化成了假臂状，还具备了爬行功能，与腹鳍臀鳍组成“五脚”组合，又叫五脚虎。别看它个头小小，萌萌的外表下藏着一张血盆大口。

FISH

躄鱼平时在利用胸鳍在海底匍匐爬行，并不停抖动它头部前方的那根“鱼竿”。“鱼竿”是由背鳍的鳍棘特化而成，“鱼竿”的末端还有皮瓣所组成的拟饵。拟饵在水里摆动着吸引路过的小鱼前来“咬钩”。一旦小鱼靠近嘴边，躄鱼瞬间张开大口，口腔内形成的负压将小鱼吸入口中。当它们遭遇捕食者，还能学河鲀一样膨胀自己的腹部，让捕食者无从下口。

“虎头虎脑”的鱼

阿部鲻虾虎鱼

Mugilogobius abei

辐鳍鱼纲 / 鲈形目 / 虾虎鱼科

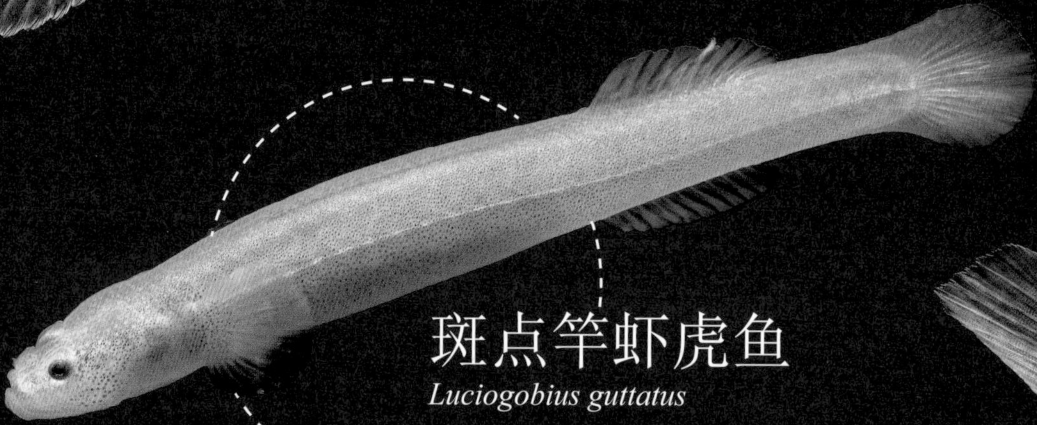

斑点竿虾虎鱼

Luciogobius guttatus

辐鳍鱼纲 / 鲈形目 / 虾虎鱼科

虾虎鱼身材短小，家族成员众多，它们的特点是身体细长，有两条脊鳍。

纹缟虾虎鱼

Tridentiger trigonocephalus

辐鳍鱼纲 / 鲈形目 / 虾虎鱼科

虾虎鱼游泳水平略差，活动范围较窄，但是它们腹鳍愈合成一吸盘状，这种结构非常适应潮间带的环境，大浪来袭时，“吸盘”可以帮助虾虎鱼紧紧吸附在岩石或其他固着物上面，避免被冲走。

斑纹舌虾虎鱼

Glossogobius olivaceus

辐鳍鱼纲 / 鲈形目 / 虾虎鱼科

拉氏狼牙虾虎长相丑陋，它们身上的鳞片已经退化，看过去滑溜溜的。

它们的眼睛已经退化，埋入皮下。它们并不靠视觉行动，而是依靠头侧散布的众多感觉乳突来感受周围环境，是名副其实的“瞎”虎鱼。

拉氏狼牙虾虎鱼

Odontamblyopus lacepedii

辐鳍鱼纲 / 鲈形目 / 虾虎鱼科

须鳗虾虎鱼

Taenioides cirratus

辐鳍鱼纲 / 鲈形目 / 虾虎鱼科

虾虎鱼

须鳗虾虎鱼

Taenioides cirratus

辐鳍鱼纲 / 鲈形目 / 虾虎鱼科

犬齿背眼虾虎鱼

Oxuderces dentatus

辐鳍鱼纲 / 鲈形目 / 虾虎鱼科

康培氏衔虾虎

Istigobius campbelli

辐鳍鱼纲 / 鲈形目 / 虾虎鱼科

FISH

绿斑细棘虾虎鱼

Acentrogobius chlorostigmatoides

辐鳍鱼纲 / 鲈形目 / 虾虎鱼科

粘皮鲻虾虎鱼

Mugilogobius myxodermus

辐鳍鱼纲 / 鲈形目 / 虾虎鱼科

弹涂鱼就是我们所熟知的跳跳鱼。它们有一对强有力的胸鳍，依靠胸鳍它们不仅拥有爬行能力，还能在泥滩上跳跃，凭借皮肤和口腔黏膜的呼吸作用来摄取空气中的氧气。只要保持身体湿润，它便能较长时间离开水面生活。

弹涂鱼

Periophthalmus modestus

辐鳍鱼纲 / 鲈形目 / 虾虎鱼科

别看它们一跳一跳的挺可爱，遇见情敌或者抢夺地盘的时候常将背鳍高高竖起，嘴里鼓足气，双眼瞪圆。弹涂鱼拥有一口大嘴，觅食的时候用大嘴刮下泥滩表面的藻类及浮游生物。同样，栖息的洞穴也是它们一口一口挖出来的。

YEAH
大青弹涂鱼
Scartelaos gigas
辐鳍鱼纲 / 鲈形目 / 虾虎鱼科

青弹涂鱼

Scartelaos histophorus

辐鳍鱼纲 / 鲈形目 / 虾虎鱼科

你爱我还是它，就说出你想说的真心话，你到底要跟我还是它？

大鳍弹涂鱼

Periophthalmus magnuspinnatus

辐鳍鱼纲 / 鲈形目 / 虾虎鱼科

单指虎鲉[yóu]

Minous monodactylus

辐鳍鱼纲 / 鲉形目 / 毒鲉科

带毒的鱼

DAI DU DE YU

虎头虎脑的单指虎鲉将身体埋入沙里更多是为了隐藏自己，然后从沙子里冒出一双大眼睛，警惕着周围，伺机而动捕捉过往的猎物。平时它依靠游离的鳍条在沙面上爬行，张开的胸鳍像一对贴地飞行的翅膀。胸鳍内侧面鲜艳的橘红色与沙面上形成鲜明对比，在危机四伏海底很高调。

原来它也是一位毒手，在它的背鳍棘下分布着毒腺，当敌人接近时，它会立即展开背鳍，但凡咬它一口都会给敌人带来剧烈疼痛。

棱须蓑鲉

Apistus carinatus

辐鳍鱼纲 / 鲉形目 / 须蓑鲉科

一种长着“翅膀”的鱼，美丽的“翅膀”是它的胸鳍。它们栖息于近海沙泥质海底，主要以甲壳类动物为食，平时在海底一边“飞行”一边利用下颌敏感的触须来寻找猎物。在背鳍棘下隐藏着毒腺，被刺到会引起肿痛。

有一种鱼声名狼藉，不是因为它会刺人，而是因为吃上一口可能会“要了你的命”。鲀俗名河鲀，它们的卵巢、肝脏、肾脏、眼睛、血液中含有剧毒（河鲀毒素），如果处理不当或误食，一旦进入体内，会导致人体中枢神经麻痹甚至死亡。俗云：“拼死吃河鲀。”其言有二：其一，河鲀有剧毒，食之或有性命之忧；其二，河鲀实乃美味，拼死亦欲食之。

纹腹叉鼻鲀

Arothron hispidus

辐鳍鱼纲 / 鲀形目 / 鲀科

河鲀的毒素并不是自己产生的，而是可能跟生存环境和食性有关。

弓斑多纪鲀

Takifugu ocellatus

辐鳍鱼纲 / 鲀形目 / 鲀科

双斑东方鲀

Takifugu bimaculatus

辐鳍鱼纲 / 鲀形目 / 鲀科

星点多纪鲀

Takifugu niphobles

辐鳍鱼纲 / 鲀形目 / 鲀科

除了河鲀毒素，河鲀还有一种不同寻常的自卫方式——膨胀之术。当它生气或受到惊吓时，它会膨胀成一颗圆鼓鼓的刺球，没有哪个猎食者会想吞掉它。

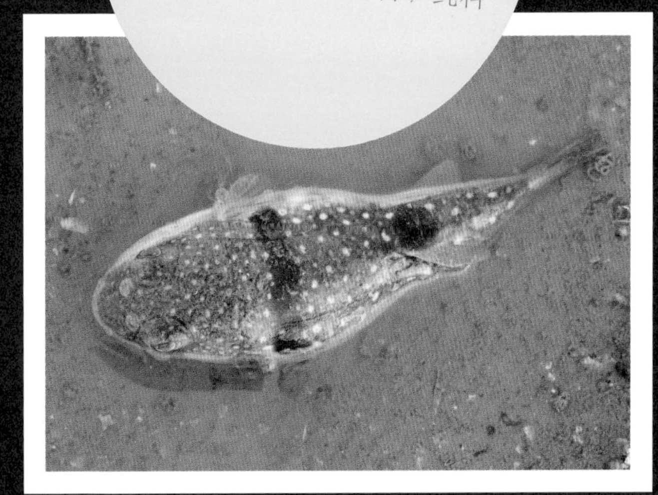

褐菖鲉
Sebastiscus marmoratus

辐鳍鱼纲 / 鲉形目 / 菖鲉科

线纹鳗鲇
Plotosus lineatus

辐鳍鱼纲 / 鲇形目 / 鳗鲇科

它的体色会随环境变化而变化，呈褐色或褐红色。具有定居生活习性，在岩礁洞内出来觅食后，会回到原洞穴内。

红鳍拟鳞鲉

Paracentropogon rubripinnis

辐鳍鱼纲 / 鲉形目 / 真裸皮鲉科

褐蓝子鱼俗称泥猛鱼，抓鱼时需要注意各鳍棘上尖锐且具毒腺的刺，被扎到手指会又痛又麻。

褐蓝子鱼

Siganus fuscescens

辐鳍鱼纲 / 鲈形目 / 蓝子鱼科

河口小精灵

中国花鲈

Lateolabrax maculatus

辐鳍鱼纲 / 鲈形目 / 花鲈科

花鲈身体背部青灰色，腹部灰白色，两侧的背缘常有黑色斑点，斑点形似梅花斑点，好像穿了一件花衣裳，故得俗名花鲈。它性情凶猛，在中国沿海及大通海江均有分布，常栖息于河口。

细鳞鯻，俗称“丁公鱼”“斑猪”“茂公鱼”。这种鱼的名字很多，各地叫法不一。全身呈银灰色、腹部银白色，体侧有3条呈弧形的黑色纵走带，特别是幼年期的鯻条纹特征比成年期更显色。

它们是肉食性鱼类，主要以小型鱼类、甲壳类及其他底栖无脊椎动物为食。常生活于沙底、石砾底或礁石附近的沿岸浅海区，也可生活于咸淡水或海水中。细鳞鯻看起来攻击力不强，实际它可是个狠角色。它的腮盖有外凸的尖突、背鳍有尖锐的刺，一旦人类或者攻击者触碰到很容易被刺扎到，这种痛觉不亚于被螃蟹的钳子夹到。

细鳞鯻[là]

Terapon jarbua

辐鳍鱼纲 / 鲈形目 / 鯻科

条纹鯻

Terapon theraps

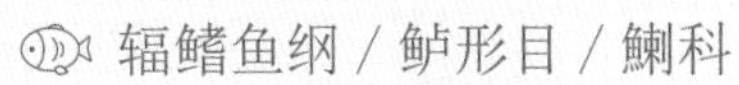

辐鳍鱼纲 / 鲈形目 / 鯻科

因没有胸鳍而得名。和海鳗一样，它们是可怕的肉食性鱼类，喜食小鱼和章鱼。

波纹裸胸鳝

Gymnothorax undulatus

辐鳍鱼纲 / 鳗鲡目 / 海鳝科

食蟹豆齿鳗和杂食豆齿鳗俗称“土龙”，主要生长在咸淡水交界的入海口处。它身形狭长呈蛇状，与鳝鱼有点相似，但个头要大得多。喜欢穴居，对淡水忍受力强，偶会上至河口觅食，常集群。肉食性，摄食甲壳类、贝类及其它无脊椎动物。

杂食豆齿鳗
Pisodonophis boro

辐鳍鱼纲 / 鳗鲡目 / 蛇鳗科

食蟹豆齿鳗
Pisodonophis cancrivorus

辐鳍鱼纲 / 鳗鲡目 / 蛇鳗科

比目鱼

比目鱼是鲽形目鱼类的统称，包括有鲆、鲽、鳎和舌鳎。它们最大的特点是身体扁平且眼睛只生长在身体的同一侧。其实，比目鱼幼体跟普通鱼类相似，眼睛长在头部两侧，对称结构。在发育过程中，比目鱼的眼睛开始移动时，两眼间的软骨先被身体吸收，它们的背鳍、臀鳍也向前长至头部，身体也随之侧扁扭转。当然，比目鱼的两只眼睛都长到一边，也是对海底环境适应的结果，这样对发现天敌和捕猎是非常有利的。

斑纹条鳎[tǎ]

Zebrias zebrinus

辐鳍鱼纲 / 鲽形目 / 鳎科

别名：带纹条鳎、花斑条鳎

鳎的两只眼睛都长在右侧，斑纹条鳎的尾部有明亮的黄黑色弧形斑。

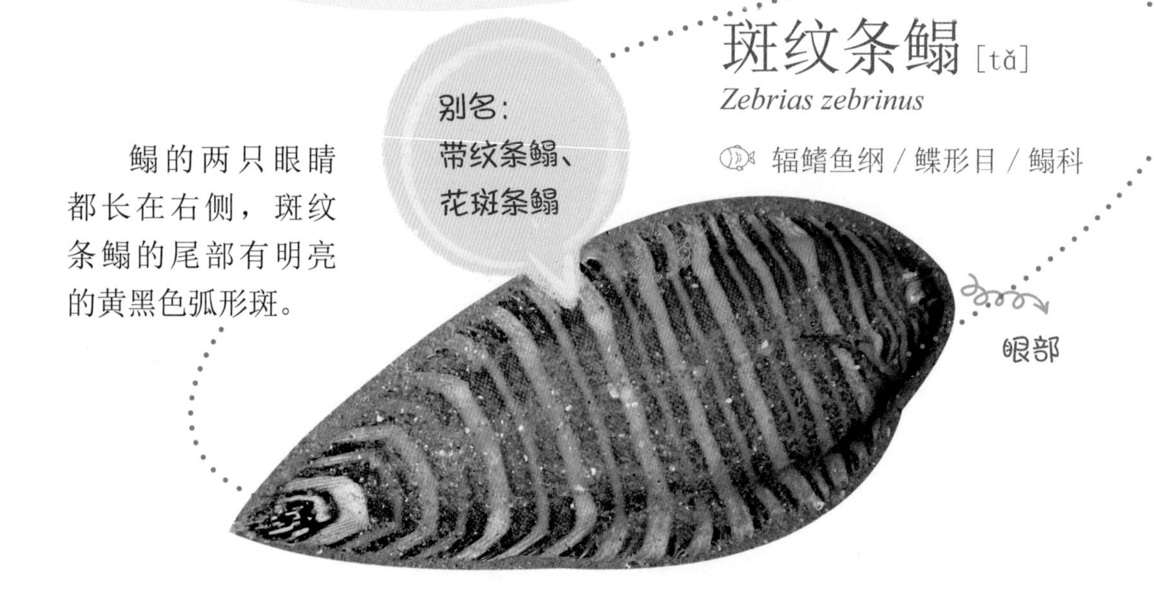

角木叶鲽[dié]

Pleuronichthys cornutus

辐鳍鱼纲 / 鲽形目 / 鲽科

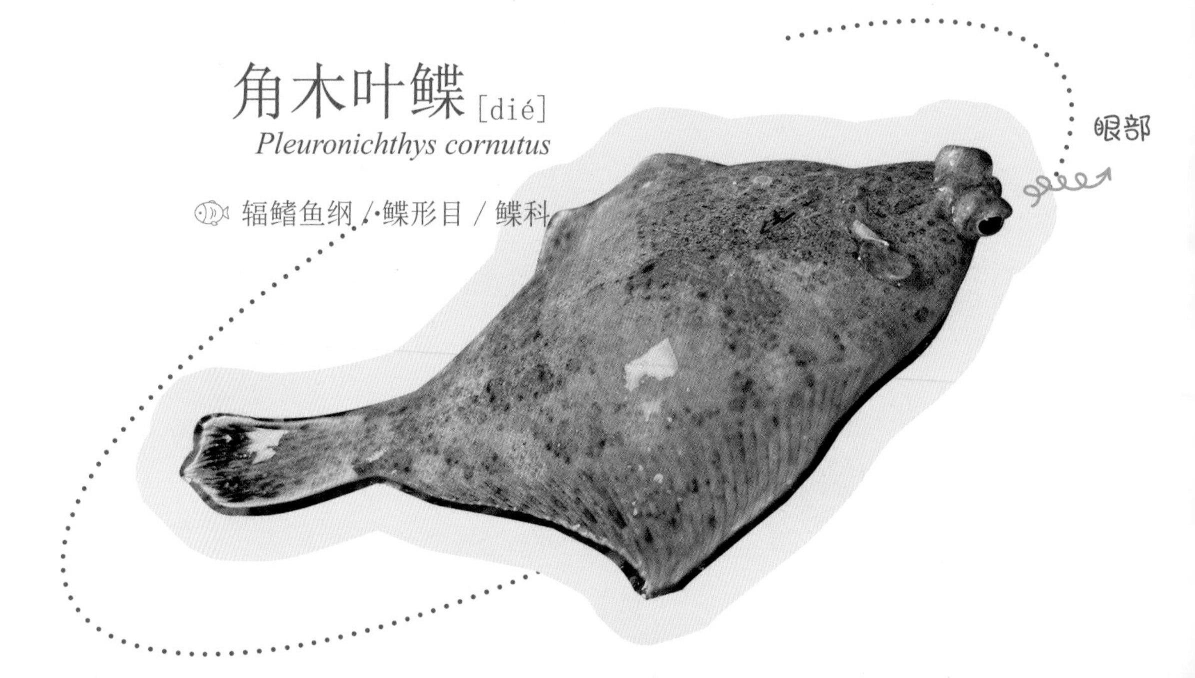

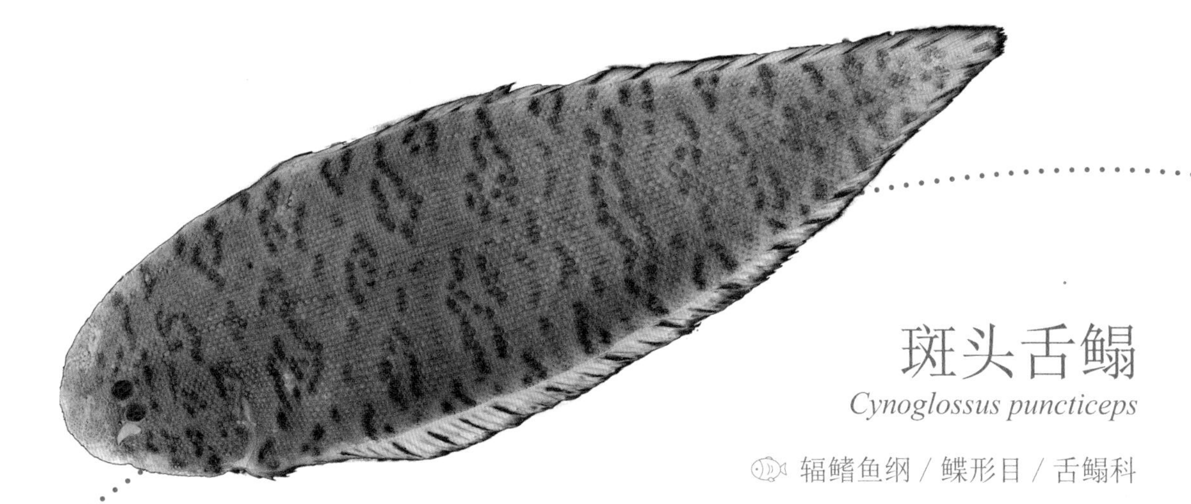

斑头舌鳎

Cynoglossus puncticeps

辐鳍鱼纲 / 鲽形目 / 舌鳎科

舌鳎全身像舌状，两只眼睛都长在头的左侧，且背鳍和臀鳍完全与尾鳍相连。

三线舌鳎

Cynoglossus trigrammus

辐鳍鱼纲 / 鲽形目 / 舌鳎科

牙鲆 [píng]

Paralichthys olivaceu

辐鳍鱼纲 / 鲽形目 / 牙鲆科

鲆科两眼均在头部左侧，无眼的一侧皮肤为白色。习性比较凶暴贪食，有“海中强盗”之称。它们具有尖锐的牙齿，不仅虎视眈眈地守着猎物，当猎物渐渐接近时，会突然跃出捕食。

淡水四大家鱼

青鱼、草鱼、鲢鱼、鳙鱼是中国淡水四大家鱼，是水库、湖泊、池塘养殖的主要对象。

1 草鱼

Ctenopharyngodon idella

辐鳍鱼纲 / 鲤形目 / 鲤科

李时珍称“其性舒缓，故曰鲩、曰鰀”，是典型的喜欢吃草的鱼类，素多荤少。它身子修长，略显圆筒形，生性活泼，是淡水中的游泳好手，常成群觅食。在农村经常能看到养殖户割草喂养草鱼。

2 青鱼

Mylopharyngodon piceus

辐鳍鱼纲 / 鲤形目 / 鲤科

青鱼，形似草鱼，比草鱼略显粗壮，因身体颜色呈青，故而得名。

与偏爱素食的草鱼相比，青鱼更喜欢吃荤，对螺蛳情有独钟，又被人们叫作螺蛳青，但对河中的蚬、蚌、虾、水虿（蜻蜓稚虫）它们也不放过。遇到螺蛳、蚌、蚬之类的有壳动物，它可以用咽齿咬碎硬壳，并将硬壳吐出、吃壳内的肉。

鲢鱼

Hypophthalmichthys molitrix

辐鳍鱼纲 / 鲤形目 / 鲤科

鲢鱼，是人们口头常说的白鲢，体扁修长，体色银白，头部较小。它跟草鱼一样，性格活泼，喜欢跳跃。它的胆汁与青鱼、草鱼、鳙鱼、鲤鱼等一样含有鱼胆汁毒素，禁止食用。

鳙鱼

Aristichthys nobilis

辐鳍鱼纲 / 鲤形目 / 鲤科

鳙鱼，就是生活中常叫的“花鲢”，它的头部比鲢鱼的更大。虽然个头大，但性格温驯，不爱跳跃，是典型的滤食性鱼类。它有一个特殊的身份——中国特有鱼类。

闽江常客

斑鳢 [lǐ]

Channa maculata

辐鳍鱼纲 / 鲈形目 / 鳢科

斑鳢是一种凶猛的肉食性鱼类，喜欢栖居在水草丛生的水域中，对于温度、水质等外部环境的适应性极强。斑鳢有辅助呼吸器官鳃上器，可以呼吸空气，即使离开水体，只要身体保持湿润，能存活较长时间。

鲻 [zī]

Mugil cephalus

辐鳍鱼纲 / 鲻形目 / 鲻科

在福建沿海也叫“乌头鱼”，因身上布满暗黑色的花纹而得名。幼鱼时期喜欢在河口、红树林等半淡咸水域生活，甚至可到河流中，随着成长而游向外洋。

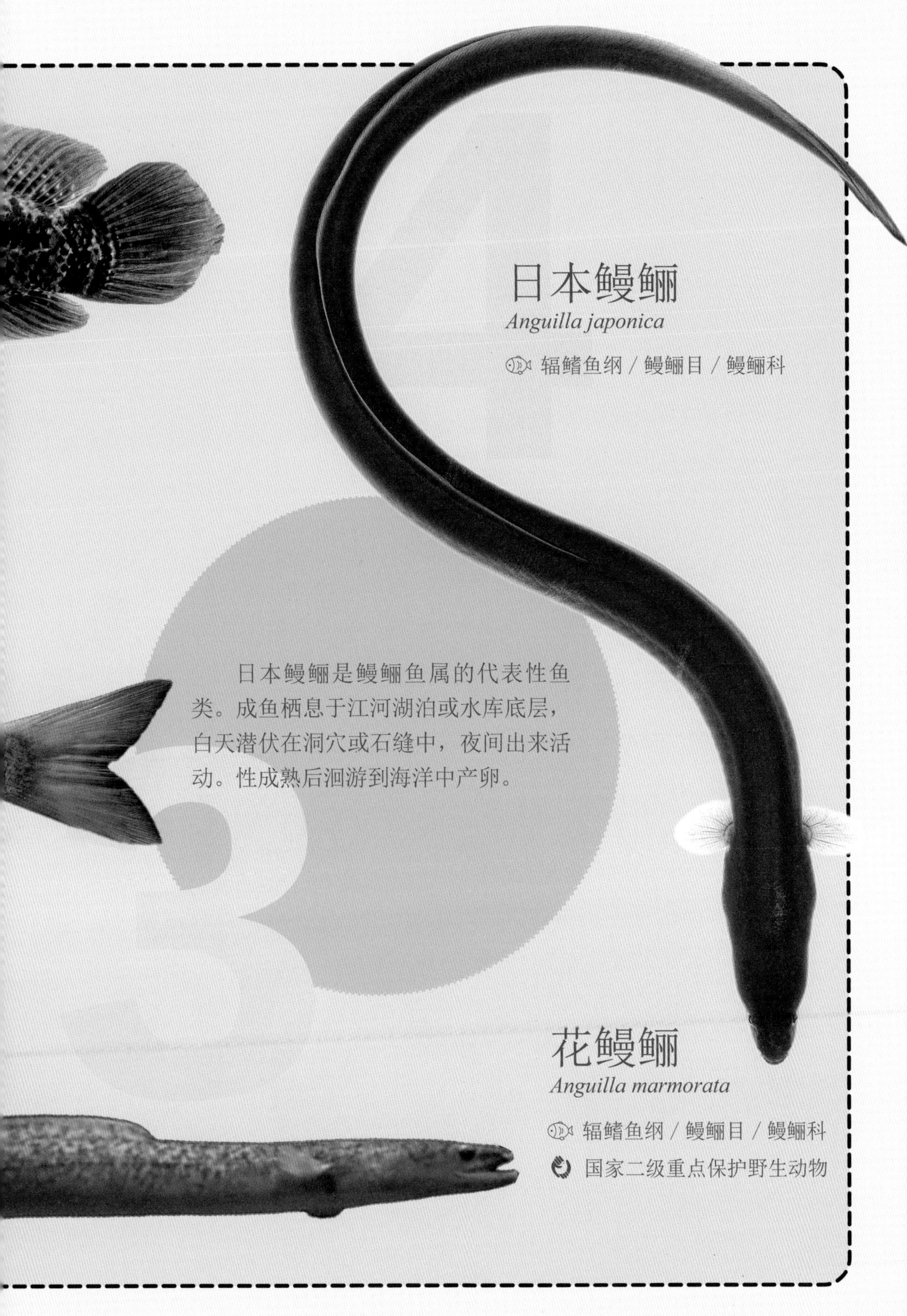

日本鳗鲡

Anguilla japonica

辐鳍鱼纲 / 鳗鲡目 / 鳗鲡科

日本鳗鲡是鳗鲡鱼属的代表性鱼类。成鱼栖息于江河湖泊或水库底层，白天潜伏在洞穴或石缝中，夜间出来活动。性成熟后洄游到海洋中产卵。

花鳗鲡

Anguilla marmorata

辐鳍鱼纲 / 鳗鲡目 / 鳗鲡科

国家二级重点保护野生动物

5

马口鱼

Opsariichlhys bidens

辐鳍鱼纲 / 鲤形目 / 鲤科

马口鱼是一种小型鱼类，喜欢栖息在水流较急的浅滩、底质为沙石的山涧溪流中。因为它的上颌两侧的边缘各有一个缺口，正好与上颌相嵌着，形似马口，因此得名“马口鱼”。

6

翘嘴鲌

Culter alburnus

辐鳍鱼纲 / 鲤形目 / 鲤科

翘嘴鲌又称白鱼，一直以来被坊间视为上等经济鱼类。杜甫用“白鱼如切玉，朱橘不论钱”的诗句来形容白鱼。翘嘴鲌游动神速，摄食霸道而凶猛，是典型的凶猛肉食性鱼类。

7

鰲 [cān]

Hemiculter leucisculus

辐鳍鱼纲 / 鲤形目 / 鲤科

俗称白条鱼，外形与马口鱼、翘嘴鲌类似，是低海拔常见的小型鱼类。体背面呈青灰色，侧面和腹面为银白色，全身反光强，阳光照射下鱼鳞银光闪闪，加上水的清澈，似一团白光。

凶狠的虾中“屠夫”

日本沼虾

Macrobrachium nipponensis

软甲纲 / 十足目 / 长臂虾科

日本沼虾俗称青虾、河虾、草虾，最明显的特征是长着两个长长的手臂，是我国最常见的淡水虾，栖息在湖泊、池塘和江河中。它的体色常随栖息环境而变化，湖泊、水库、江河水色清，虾色较浅，呈半透明状；池沼水质肥沃，虾色深，并常有藻类附生于甲壳上。

日本沼虾是一种凶狠的肉食性淡水虾。有些水族爱好者对日本沼虾恨之入骨，还给起个外号叫大眼贼。水草缸或者虾缸里面如果混进去几只大眼贼，没多久，里面的其他小鱼小虾就会遭到大眼贼的“屠杀”。

目前，日本沼虾已成为我国养殖规模最广、产量最大的淡水经济虾类之一。

我就是大闸蟹

中华绒螯蟹

Eriocheir sinensis

软甲纲 / 十足目 / 弓蟹科

中华绒螯蟹，就是大闸蟹。它的螯足（钳子）粗壮有力，内里长有锯齿，用来取食和抗敌。雄蟹的螯足内外两侧都长有厚厚的绒毛，绒螯蟹因此而得名。

虽然中华绒螯蟹是淡水蟹，但野生的中华绒螯蟹需要回到海里才能完成繁衍生息的使命。蟹妈妈一般在淡水与海水交汇的水域产苗繁殖，每年五六月，蟹宝宝们从江海交汇处随潮汐爬回江河湖泊，在淡水中发育成长。到了秋季成年后再回到它们的出生地，完成繁衍的使命。所以在福州闽江入海口附近海域能看到野生中华绒螯蟹的身影。

它是金鱼的前身

鲫鱼

Carassius auratus

辐鳍鱼纲 / 鲤形目 / 鲤科

福州是“中国金鱼之乡”，殊不知金鱼是由野生鲫鱼驯化而来的。

鲫鱼是生活中常见的经济鱼类。野生鲫鱼生长速度缓慢，野外的个体会比养殖的个体较小，但是鲫鱼的适应能力很强。在福州的江河、湖泊、水库、池塘等水体中经常能看到它们的身影。

鲤鱼跃龙门

鲤鱼

Cyprinus carpio

辐鳍鱼纲 / 鲤形目 / 鲤科

“鲤鱼跃龙门”是中国人民传颂的经典故事，讲述了鲤鱼逆流而上、勇于尝试跳跃并最终团结合作跃过龙门的奋斗历程。

鲤鱼为什么会跳水呢？鲤鱼生性喜动不喜静，比较活跃，通常四处窜游着觅食。当鲤鱼察觉到水面上有昆虫、浮游生物或其他食物时，它们会迅速跳出水面捕捉猎物。鲤鱼跳水还可能与其社交行为、繁育和获取氧气有关系。

滑不溜湫的鱼

泥鳅

Misgurnus anguillicaudatus

辐鳍鱼纲 / 鲤形目 / 花鳅科

泥鳅生活于有底淤泥的静水或缓和流水域中的底层，白天潜伏在光线微弱的水底，傍晚出来摄食。长期在黑暗环境使其视力退化，但是它们的触须、侧线十分敏感，可以帮助它们觅食或躲避天敌。

泥鳅除了用鳃呼吸外，还能进行肠呼吸，对环境适应能力强，天旱或不利条件时，钻入泥层，只需保持湿润皮肤，就能维持生命。

鳝鱼

Monopterus albus

辐鳍鱼纲 / 合鳃鱼目 / 合鳃鱼科

鳝鱼是一种没有鳞片的鱼，喜欢在淤泥中钻洞或在堤岸有水的石隙中穴居。鳝鱼进化出依靠口腔皮褶可直接呼吸空气的能力，使得鳝鱼可以直接离开水，只要身体保湿，不会因为缺氧窒息死亡。

鳝鱼有一个奇特的生理现象，就是先做“妈妈”，后做“爸爸”。当鳝鱼还是幼鱼的时候都是雌性的，在生殖一次后，就转变为雄性，科学上将其称为“性逆转”。

长胡子的鱼

别看它们长得相似，却是三个不同的物种

白边拟鲿和黄颡鱼长得相似，但白边拟鲿的侧面呈青灰色，腹部淡黄色，尾鳍圆形且边缘白色；而黄颡鱼体青黄色，尾鳍深分叉。

黄颡鱼人们也叫它“黄骨鱼”“黄辣丁”，被抓后会发出“嘎嘎”的叫声，国内有些地方也叫它“黄鸭叫”。黄颡鱼的胸鳍和背鳍含有毒腺组织，如果刺伤人体，可能会引起剧痛、出血、局部红肿，甚至皮肤过敏和低热。

胡子鲇喜欢群居，经常数十尾或成群聚集在一起。它只要体表保持湿润，离水几天仍能生存，并能用胸鳍棘支撑身体在陆地上爬行，因而具有较强的迁徙能力。

它与埃及胡子鲇的外形极为相似，胡子鲇是本土鱼种，埃及胡子鲇是外来入侵物种，对本土水生物种有一定威胁。

尾鳍圆形且
边缘白色

白边拟鲿
Pseudobagrus albomarginatus

辐鳍鱼纲 / 鲇形目 / 鲿科

黄颡鱼
Pseudobagrus fulvidraco

辐鳍鱼纲 / 鲇形目 / 鲿科

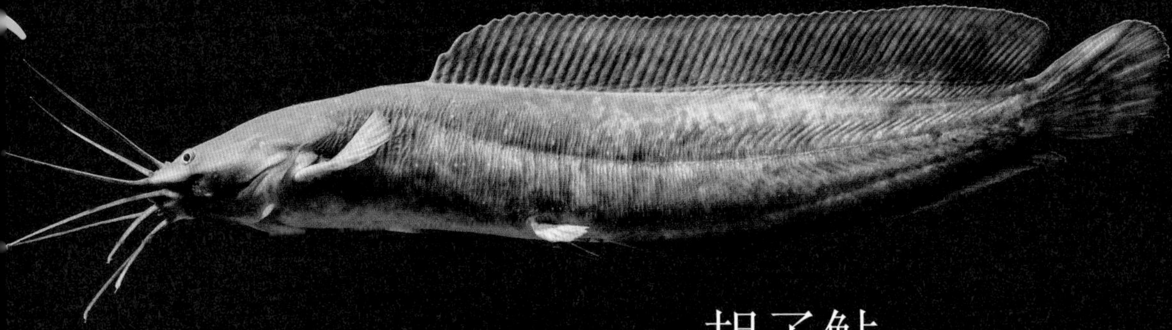

胡子鲇
Clarias fuscus

辐鳍鱼纲 / 鲇形目 / 胡子鲇科

水中小强

叉尾斗鱼

Macropodus opercularis

辐鳍鱼纲 / 鲈形目 / 斗鱼科

叉尾斗鱼体侧有数条蓝色纵纹，鳃盖后方有一蓝色斑点。

斗鱼的名字来源于其好斗的天性。当两条雄性叉尾斗鱼相遇，火药味开始弥漫，大战一触即发。它们会将自己的鳍完全展开，以身体侧面面对“敌人”。紧接着它会将鳃盖打开，使自己看起来尽可能凶猛狰狞；与此同时，它们的尾鳍也会尽可能地展开，宛如孔雀开屏一般。

当恐吓无效后，两条鱼便会撕咬在一起，战斗不久便能分出胜负，失败的一方会带着一身的伤灰溜溜地逃走。

麦穗鱼为小型淡水鱼类，又名罗汉鱼，常生活于缓静较浅水区。它体侧的鳞片与排列有序的麦粒极为相似，就像一束饱满的麦穗在水中游弋。

麦穗鱼是河湖及沟渠生态系统的重要组成部分。它可以消耗水中的有机营养物，清除水中的碎屑和残渣，防治水体富营养化，净化水质。同时它也是很多鱼类的食物，是食物链的重要一环。

随着养殖业的发展，在引入四大家鱼、鲤、鲫等进行养殖时，麦穗鱼常被混入其中，意外地被带到各地，因其强大的繁殖能力和对环境的高度适应性，麦穗鱼已将其自然分布区大大扩张，在多个国家和地区造成入侵。目前我国几乎所有水域都有麦穗鱼的分布。

淡水“黄金条”

小鲃是中国的原生鱼，因身上有大小不一的垂直黑褐色条纹而得名。小鲃的性格比较温顺，不会刻意去攻击其他鱼类，但是条纹小鲃比较“贪吃”，可能会从其他鱼的嘴里将食物抢走。

条纹小鲃

Puntius semifasciolatus

辐鳍鱼纲 / 鲤形目 / 鲤科

史尼氏小鲃

Puntius snyderi

辐鳍鱼纲 / 鲤形目 / 鲤科

河蚬不是蚌

河蚬

Corbicula fluminea

双壳纲 / 帘蛤目 / 蚬科

河蚬，福州人叫它“扭央”，个头不大，颜色从黄褐色到黑褐色皆有，在水质清澈的库区，河坝和溪流的浅滩泥沙中最为多见，是农村地区常见的小型贝类。

河蚬以浮游生物为食，通过滤食作用，能降低水体浊度，改善水体光照条件，对水体的生态修复有重要作用。同时它能吸收周围环境介质中的元素来构筑自己的壳体，壳体的情况一定程度上反映着河蚬所生存的水环境的质量。因此学者们经常通过观察河蚬的颜色及分布来判断地方水体污染程度。

龟是龟，鳖是鳖

中华鳖

Pelodiscus sinensis

爬行纲 / 龟鳖目 / 鳖科

中华鳖俗称甲鱼，虽说它的名字里有“鱼”字，但实际上它并非鱼类，而是卵生爬行动物。甲鱼是一种变温动物，当温度过低的时候，会将新陈代谢降低至极限水平，减少自身贮藏能量的消耗，来度过恶劣的天气。甲鱼一年有接近一半的时间处于冬眠状态。

由于生态环境破坏、人类过度捕捞等原因，野生鳖种群的形势严峻，被列入《世界自然保护联盟濒危物种红色名录》中，属于易危（VU）等级。

乌龟

Mauremys reevesii

爬行纲 / 龟鳖目 / 龟科

国家二级重点保护野生动物（仅限野外种群）

乌龟别名中华草龟，是杂食性动物，喜食昆虫、蠕虫、小鱼虾等动物性食物；亦可食嫩叶、浮萍、草种、稻谷等植物。性情较温和，遇到敌害或受惊吓时，便把头、四肢和尾缩入壳内。

在中国古代，古人曾把乌龟作为膜拜的对象，特别喜爱养龟。他们常用龟甲来占卜吉凶，并将结果刻录在龟壳上，后人称这些文字为甲骨文，也是汉字的源头。如今，人们也把乌龟看成是逢凶化吉和长寿的象征。野生乌龟现已被《世界自然保护联盟濒危物种红色名录》收录，列为濒危（EN）。

有趣的共生物种

在淡水中的河流、湖泊、池塘中经常能看到河蚌的身影，它们喜欢在泥质、泥沙、沙质环境中生活。它们是没有眼睛的，它的嘴巴是呼吸的腮，但是它的神经中枢很发达。河蚌的壳一开一合是为了进食和呼吸，露出来的是它的斧足，用来在水中行动。

背角华无齿蚌、褶纹冠蚌、圆顶珠蚌都是河蚌家族中最常见的成员。褶纹冠蚌和背角华无齿蚌个头大，外形呈不等边三角形，褶纹冠蚌后背缘的冠是标志性特征。中国尖嵴蚌壳黄个头小，常被混在河蚬中售卖。

背角华无齿蚌
Sinanodonta woodiana

双壳纲 / 蚌目 / 蚌科

褶纹冠蚌
Cristaria plicata

双壳纲 / 蚌目 / 蚌科

圆顶珠蚌
Nodularia douglasiae

双壳纲 / 蚌目 / 蚌科

中国尖嵴蚌
Acuticosta chinensis

双壳纲 / 蚌目 / 蚌科

齐氏田中鳑鲏[páng pí]

Tanakia chii

辐鳍鱼纲 / 鲤形目 / 鲤科

鳑鲏鱼个体不大，体态优美、色彩艳丽，是一种常见的原生观赏鱼。每当生殖季节，处于发情期的雄鳑鲏色彩分外鲜丽，以此吸引异性，而雌鱼在生殖期间拖着一条长长的产卵管。

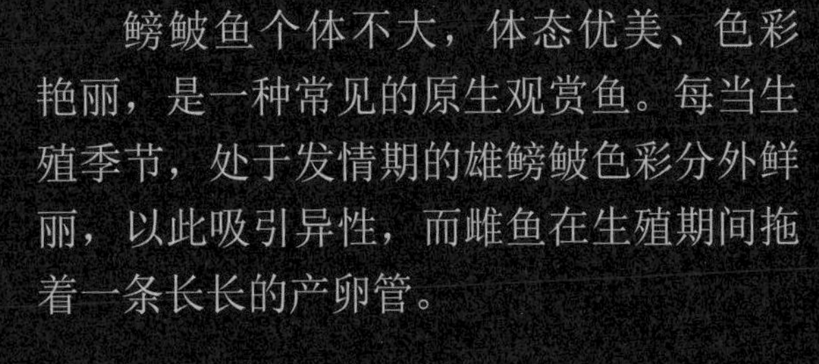

雌鱼的
产卵管

中华鳑鲏

Rhodeus sinensis

辐鳍鱼纲 / 鲤形目 / 鲤科

方氏鳑鲏

Rhodeus fangi

辐鳍鱼纲 / 鲤形目 / 鲤科

高体鳑鲏

Rhodeus ocellatus

辐鳍鱼纲 / 鲤形目 / 鲤科

【趣味故事】

当一只河蚌遇上一只鳑鲏鱼，一出好戏上演。

鳑鲏鱼将鱼卵产到河蚌的外套腔中，让河蚌去帮它们孵化。河蚌对于鳑鲏也不是白忙活，而是礼尚往来，河蚌将幼仔（钩介幼虫）产于鳑鲏鱼身上，钩介幼虫寄生在鱼体的鳃或鳍上，互为育仔，互当养母，形成共生关系。

河蚌的出入水管，河蚌通过出入水管进食和排泄

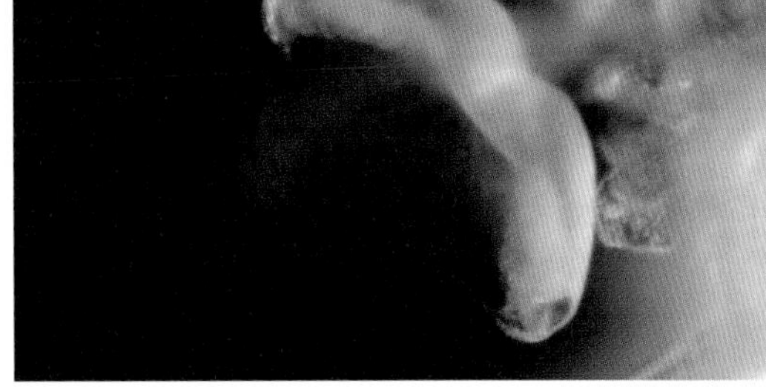

钩介幼虫

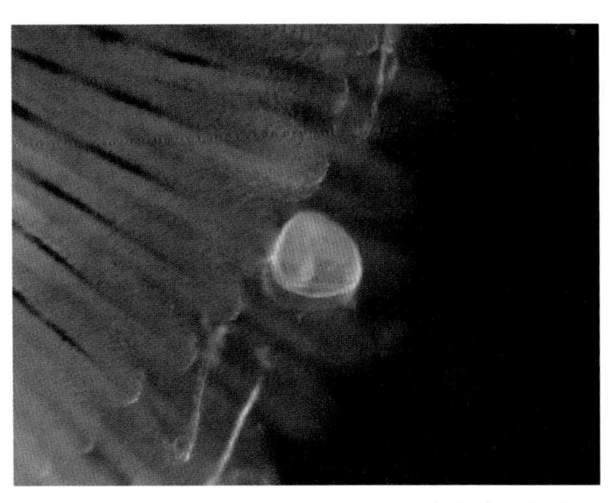

钩介幼虫寄生在鱼鳃上

身背“塔壳”游四方

中华圆田螺

Cipangopaludina cahayensis

腹足纲 / 中腹足目 / 田螺科

中华圆田螺就是我们俗称的田螺，又称螺蛳、田螺、香螺。

中华圆田螺黄褐色的壳十分光滑、薄而坚固，呈圆锥形，壳顶略尖，壳底膨大，壳口呈卵圆形。整个壳的纹理由壳顶向壳口旋转，有6-7级螺层，像一个敦实的“塔”。

中华圆田螺栖息于冬暖夏凉、水质清新、底质松软、腐殖质丰富的湖泊、池塘、水田、河沟和缓流的小溪中。它们多在夜间活动，用宽大的肉质足在水底爬行觅食。

外来入侵水生物种

食蚊鱼

Gambusia affinis

辐鳍鱼纲 / 鳉形目 / 胎鳉科

食蚊鱼原产于美国得克萨斯州，和罗非鱼一样繁殖能力很强。特别的是它是卵胎生，它不产卵，而是直接体内孵化生出小鱼。刚出生的鱼宝宝就已经很强大了，可以独自生存。

食蚊鱼可以大量捕食蚊子的幼虫，但是来到中国后，它们还会通过挤占其他鱼类生存空间，掠夺其食物，直接打压其他物种。

齐氏罗非鱼

Coptodon zillii

辐鳍鱼纲 / 鲈形目 / 丽鲷科

在福州的城市内河、公园、湖泊经常能看到罗非鱼黑压压一片浮现在水面。

罗非鱼属于热带鱼类，它的老家在非洲，因长得像鲫鱼，有人把它叫作“非洲鲫鱼”。罗非鱼的主要品种为红罗非鱼、尼罗罗非鱼、奥尼罗非鱼、奥利亚罗非鱼、莫桑比克罗非鱼、福寿鱼等。罗非鱼是原生鱼的灾难，它是肉食性鱼类，喜欢吃小鱼小虾。繁殖能力强，产卵量大，繁殖时间较长，在河流小溪经常能看到它们泛滥的场景，给原生鱼的生存造成威胁。

野翼甲鲇

Pterygoplichthys disjunctivus

辐鳍鱼纲 / 鲇形目 / 甲鲇科

野翼甲鲇，作为观赏鱼常常出现在水族馆或是家里的鱼缸中。它们经常吸附在水族箱壁或水草上，舔食水藻，我们也叫它“清道夫”。

野翼甲鲇来自遥远南美洲各地的河流中，它们的适应能力强，在进入我国自然水域之后迅速适应了本地的环境，又没有天敌，就在本地快速生长、繁殖。它是杂食性鱼类，除了吃鱼缸的水藻，自然水域中的水草、种子、鱼虾等等，都是它的菜。

革胡子鲇

Clarias lazera

辐鳍鱼纲 / 鲇形目 / 胡子鲇科

革胡子鲇原产于非洲的尼罗河流域，在福州城内的公园、湖泊、河流能看到它们出没。它个头大，生存适应能力强，食性杂，喜欢吃鱼，繁殖速度快，对分布水域的自然生态系统和本土鱼类构成威胁。

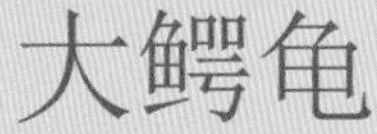

大鳄龟

Macrochelys temminckii

爬行纲 / 龟鳖目 / 鳄龟科

大鳄龟原产于北美洲，长相酷似鳄鱼。因为这个物种几乎没有天敌，加上攻击性和捕食能力都很强，雄霸一片江河，导致鱼类的产量骤减。

克氏原螯虾属于淡水螯虾，因体型较小且与海水里的龙虾外形相近，被称作“小龙虾”。

小龙虾原产于墨西哥北部与美国南部，后由于引进与入侵，现在全球40多个国家与地区广泛分布。作为一种入侵生物，小龙虾对渔业与农业都造成了一定危害，已被列入中国第二批外来入侵物种名单中。

克氏原螯虾

Procambarus clarkii

甲壳纲 / 十足目 / 螯虾科

有一种说法认为小龙虾生活在臭水沟里很脏，但这个说法并不恰当。它主要栖息于溪流和沼泽，生存能力比较强，在沟渠和池塘也能繁衍。
我又叫“小龙虾”

福寿螺

Pomacea canaliculata

腹足纲 / 中腹足纲 / 瓶螺科

福寿螺，原产于南美洲亚马孙河流域，它的外观与田螺相似，但会比田螺的外壳扁一些，尾部也更短。在福州城市公园、湖泊、河流、水田里经常能看到它们。福寿螺的繁殖力强，水下生活，岸上产卵，在水边的植物上经常能看到粉红色的物体，便是福寿螺的卵聚集而成的。

福寿螺是一种人畜共患寄生虫病的中间宿主，身上含有许多寄生虫，所以不建议食用。

LUO

自然观察须知

野外观察前的准备

走近水域、探索自然、观察潮间带及河溪中各种奇怪的生物是件有趣的事情！但野外观察需注意一些基本事项。了解这些可以让你更舒适、安全地完成一趟美妙的旷野旅程。

01 尽量穿长裤长袖

不论什么季节，只要进野外一定要穿长裤。去到原生态的山林中，免不了会在草丛中穿梭，穿长裤能防止身体被树枝划伤、蚊虫叮咬、蚂蟥吸附等。尽量穿绿色、卡其色、迷彩色等与周边环境相类似的颜色，起到隐蔽作用，很多鸟都比较胆小怕人。

换长裤去！这草扎腿

同理，长袖也能更好地保护你的胳膊。不过露胳膊毕竟比露腿风险小，如果是夏季的话可以选择短袖+防晒冰袖，或者短袖+涂抹防晒霜的组合。

02 贴身衣物要选速干面料

户外活动时身体会排出大量汗水和湿气，而棉材质吸收后不容易排出，会变得湿漉漉地粘在皮肤上，既不舒适，也会因为凉风吹过降低体温而造成感冒。尤其是在高海拔地区，身穿湿衣服不仅不能保暖，还可能会导致人体迅速失温，严重时甚至危及生命。因而，贴身衣物一定不要穿纯棉材质，应该选择速干面料。

03 选择合适的背包

一般当天往返的野外观察活动对双肩背包容量要求并不高，15-20升就够用了。如果追求舒适度的话，最好选择装有利于排汗、分摊重力的“背负系统”的户外专用背包。这样两只小手才能灵活地发现大自然。

04 穿V形底运动鞋或专业徒步鞋

野外环境中，地形多样，路况也比较复杂，草丛、土路、碎石路、有苔藓附着的岩石路等。鞋子的选择很重要，不能穿洞洞鞋、凉拖、皮鞋、高跟鞋。

普通的运动鞋可以穿去爬山，但倘若遇到下雨或不好走的路，就可能滑倒。尽量选择专业的徒步鞋或V形底的运动鞋。

05 春秋冬季出行“三层穿衣法”

野外地形、天气多变，人们的运动状态也很多变（时而爬山时而停歇），体感温度骤降10-20℃是常有的事。这就需要我们根据体温的变化快速做出反应，增减身上的衣物，避免过热或失温。

外层衣物推荐 冲锋衣。

作用 防风、防水、透气、保暖。

注意 普通的野外观察，选择带“防泼水”即“WR”或“DWR”功能的冲锋衣即可。“WR”全写中的“Water Repellent”意为“疏水”，原理就是模拟荷叶表面的结构，使布料表面的张力小于水的内聚力，水滴落后会形成水珠滚开。这样的“防泼水”面料只能保证我们在潮湿的丛林中穿梭，或遇到短时间的小雨时不被打湿。长时间淋雨还是会被变湿，不能代替雨衣。真正的“防水”（Water Proof）面料价格高，常见面料有Gore-Tex、Pertex Shield、eVent等，适合有预算或需要应对极端天气的专业玩家。

中间层衣物推荐 人工合成棉或抓绒或羽绒内胆。

作用 保暖，兼具一定的透气。

注意 中间层不一定是单件衣服，也可以是多件衣服一起构成。多件薄衣物会比一件厚衣物有更好的保暖性和灵活性。尽量修身，避免穿外层后臃肿、不好活动。

温馨提示：“三层穿衣法”不适用于北方冬季观鸟。观鸟需要耐心蹲点，常常待在某处半天不动，容易冷。大棉袄二棉裤什么的，统统穿上！

内层衣物推荐 长袖速干T恤。

作用 吸湿排汗。

注意 内层的最主要功能是为身体搭建一个干燥的环境，其次才是起到一定的保暖作用。一件夏季穿的基础速干长袖T恤就够用，预算多的话可以为秋冬季出行专门买一件带磨毛或加厚的速干T恤。

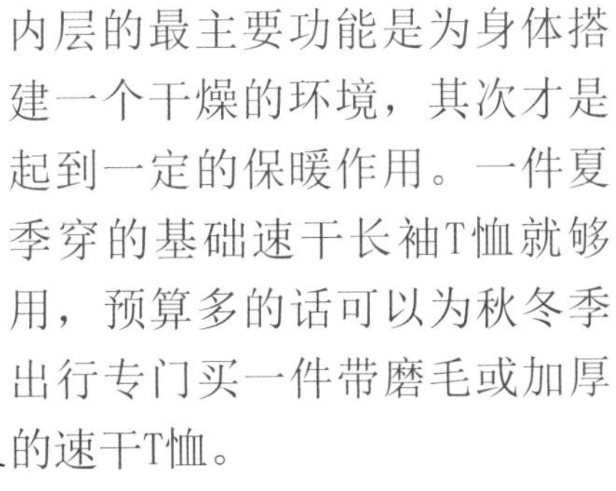

06 做好防晒

帽子

在空旷的野外探秘，帽子一定要佩戴。但头部是身体散热的重要出口，过于严密的帽子会阻碍散热，所以应选择防晒且散热性好的帽子。

防晒霜

要使用防晒霜来保护皮肤，尤其是在高海拔远足时，不然会有被晒伤的风险！

07 带上防蚊虫及医药包

灌木茂盛的户外蚊虫较多，尤其是在峪口、河谷中，一定要随身携带防蚊虫的喷雾或止痒的清凉油。

免洗洗手液

休息吃点心前，一定记得洗手喔。

创可贴

应对小面积的擦伤。还有如果被毛毛虫的刺扎到，可以用创可贴把刺粘出来。

碘酒棉签

相比酒精的刺痛，碘酒更容易被接受。这种做成棉签的形状的，掰断一头，另外一头就会自然流出碘酒，使用很方便。

08 备足食物和水

食物尽量选择可以充饥的干粮、肉干和水果，尽量不要带太多零食和重口味的食物。

走进野外需要准备充足的水，成年人每日需要1500-1700毫升的水，运动量大时则需要更多。一般来说，建议大家在进野外前充分补充水分，随后按每4小时600毫升的量准备。出汗多的夏季，可以带一瓶电解质水。

09 带上相机

高新技术在推动自然观察中特别重要。没有科学家发明望远镜，哥伦布如何到得了美洲？没有显微镜，哪有细胞学的出现？因此在野外观察时，无论使用相机还是手机都是对大自然进行客观的记录。没准您拍的一张图片就让人类又发现了一个新物种，甚至在科学研究、濒危野生动物保护等方面发挥大作用。

10 了解目的地、线路

在出行前，要了解目的地的地理环境、气候条件、野生动物的分布、道路情况等信息。合理制定行程计划，包括出行时间、路线、休息地点等。

野外观察时的注意

进入野外非常容易，但许多人容易忽视其中的危险。自然环境的恶劣、个人失误都会造成意外发生，有时甚至与死亡只有一线之隔。因此，树立安全意识非常重要。

01 结伴而行，不擅自离队

在户外活动，结伴是必须的！万一有意外发生，确保身边能有人照应，或帮忙通知他人。结伴同行时一定不要擅自离队，上厕所、身体不适等情况要与身边人打招呼。在野外手机信号较弱，如果擅自离队很可能会失联，非常危险。

02 远离悬崖、河沟

在行走过程中，要注意周围的地形，远离河道、悬崖等地，尽量走在路中央或靠崖壁一侧。即便见到了漂亮、稀有的动植物也要看好地形再靠近。许多山林的沟谷、悬崖附近有茂盛的植物生长，我们没法直观地看到断层处，可能会一不小心踩空。

03 与野生动物保持安全距离

在野外观察时发现昆虫，常会忍不住想伸手去抓它们。然而，自然界中一些昆虫是有攻击性、毒性的，如果没有充足的知识储备，很难辨别出这些危险虫。因此，见到昆虫后可以近距离观察它们，但一定要控制住上手的冲动。如果想要将它抓住的话，可以借助昆虫夹等工具。

遇到其他野生动物，例如蛇、羚牛等也不要贸然靠近。绝大多数动物在感到危险后都会因想要自卫而产生攻击行为，要保持安全距离，待它们主动离开后再通行。

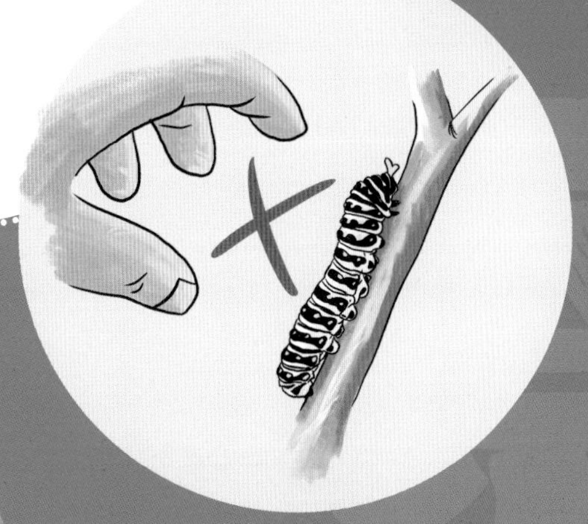

04 不要在山路上奔跑

在山路上，尽量不要奔跑。一是山里的路再平坦也不比城市中的道路，踩到碎石子容易滑倒，凹凸不平的路面也容易让人崴脚。二是在下坡路上奔跑是件非常损伤膝盖的事。

05 不乱吃野果、野菜

若不是有一定的专业知识，在野外尽量不要乱吃！并不是所有红果果、绿草草都美味可口，有些甚至还有毒。例如，伞形科、石蒜科、百合科、天南星科、豆科、马桑科下的许多物种就有毒。

遇到特殊情况要自救

06

迷路

不要慌张，不要到处乱跑，根据体力情况选择原路返回或原地待援。原路返回时沿途做好标记，避免再次迷路。出现极端恶劣天气时应立即停止活动，寻找安全避险处。如有必要，需拨打救援电话，寻求支援。

突发疾病

身体严重不适，应立即停止活动，采取必要措施。

被蛇咬

立即停止活动，去医院就医。尽量记住蛇的外形特征，以便帮助医生找到相应的抗蛇毒血清。

07

不乱扔垃圾、注意野外用火安全

在野外观察过程中，产生的垃圾要打包带走。不要在林区、草地上燃烧篝火。总的来说，准备一套舒适装备、建立安全意识、计划好行程、带上食物、约上伙伴，就可以走进大自然进行一些基础的自然观察啦。

特定观察的特殊准备

观鸟

观鸟是一种自然观察，哪怕就是在自己小区观鸟，我们也需要有相关的装备，以保证观鸟的专业度和体验感。

背包

25升左右的双肩登山背包可以满足一天内旅行的几乎所有需求。专业的背负系统，自带防雨罩，功能齐全。有了双肩包，才能解放双手，可以拍照，可以拿望远镜。

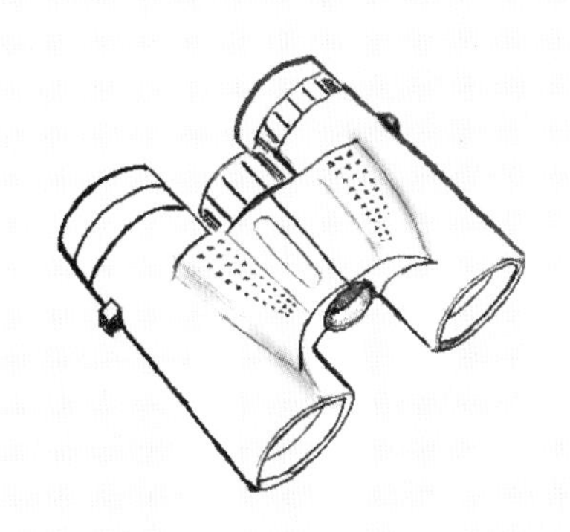

这是观鸟最重要的工具，毕竟鸟距离比较远。通过望远镜，可以快速找到鸟，并且可以把鸟的颜色、形态、动作等看得非常清楚，才能体会到观鸟的乐趣。对观鸟非常有兴趣，而且不考虑摄影的，可以考虑只带望远镜。单筒望远镜适合观察距离较远的水鸟。

望远镜

03 专业鸟书

观鸟的乐趣在于识别不同的鸟类特征。图鉴是帮助学习的工具之一，现在还可以使用智能识别软件，如“识鸟家”等。

04 笔记本和笔

观鸟是一种自然观察，需要及时把观察到的内容记录或者画下来，今后可以梳理总结，也可以作为一种回忆。

观鸟本身有延续性，世界各地有很多痴迷观鸟的人。全世界有超过一万种的鸟，一旦开始观鸟，大家就要记录自己能看到多少。

对于孩子们来说，通过观鸟，养成观察、记录、整理、记忆、总结的学习习惯，也是非常好的一种独立思考方式。

帽子

尤其是夏天，一顶防晒帽子非常重要。防晒帽采用户外面料，透气轻薄，头顶还有专门的透气孔散热。帽子尽量是贴近自然的颜色。比一般的帽子大，尤其是后面可以完全遮住脖子。

水壶

一次观鸟活动，短则2小时，长则一天。前往的地方，很可能是森林、湖边等自然区域，需要带装满水的水壶。

雨衣

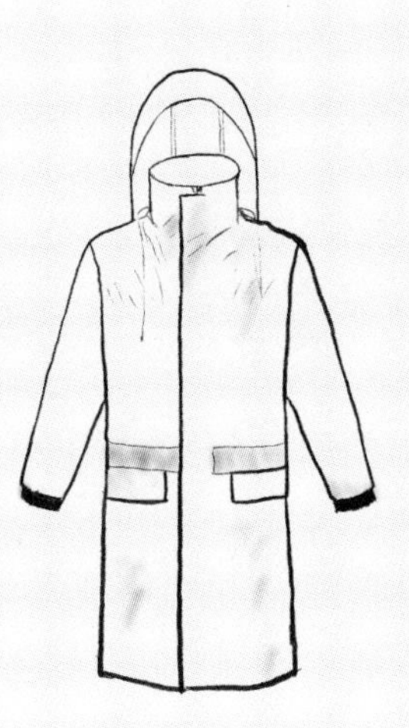

出门前可查看天气预报，带着以防万一。如果不是大暴雨，其实观鸟在下雨天同样可以进行。打伞会影响视线，拿着也不方便。如果雨比较大，户外衣服已经不能支撑，建议穿雨衣。注意雨衣稍微大一些，能把背包一起包裹起来。

防蚊液和止痒露

由于前往的地方是自然区域，特别在夏季，防蚊防虫很重要。如果还是被咬了，那就涂止痒露。

INSE

昆虫观察

昆虫体型微小，而且性格活泼，想近距离观察需有较专业的工具。

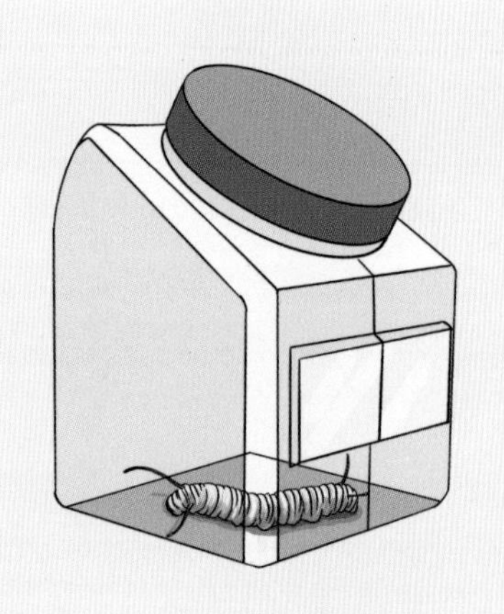

01 昆虫观察盒

透明小罐，用来暂时放活的昆虫。顶部有透气孔和放大镜，可以看到昆虫的细节。（为了保护生态环境，观察完毕后，一定把小动物放回大自然。）

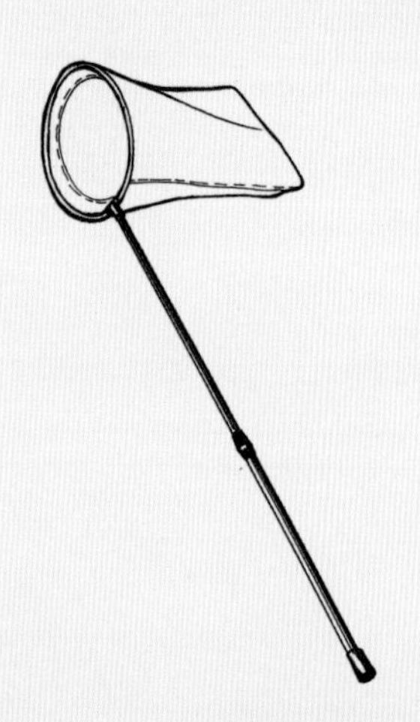

02 捕虫网（跳跃类昆虫）

用来捕捉树丛、杂草丛中隐蔽的蝗虫、螽斯等，因而要用较结实的白布或亚麻布制作网袋，网袋的长度约网圈直径的2倍。网框、网柄都要选择坚固的材料，以承受扫网碰到植物时产生的较大阻力。

03 伸缩捕虫网（飞翔类昆虫）

用来捕捉蝴蝶、蜂类、蜻蜓等善飞的昆虫。网圈用粗铁丝弯成，直径约30厘米，两端长出的末端弯成小钩，固定在网柄上。网袋用透气、坚韧、淡色的尼龙纱、纱布等制成。网袋的长度应约为网圈直径的3倍。

一次性手套

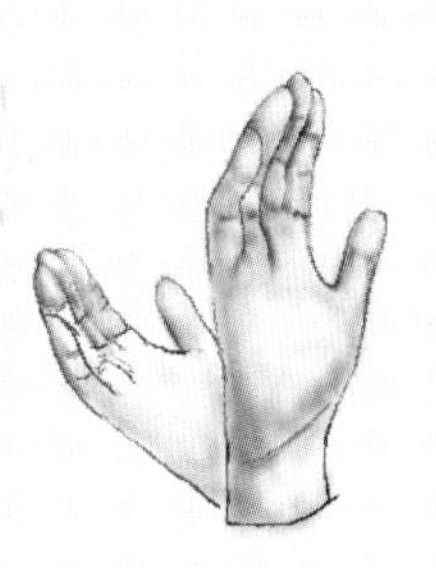

很多昆虫不适合徒手捕捉，建议戴上手套。

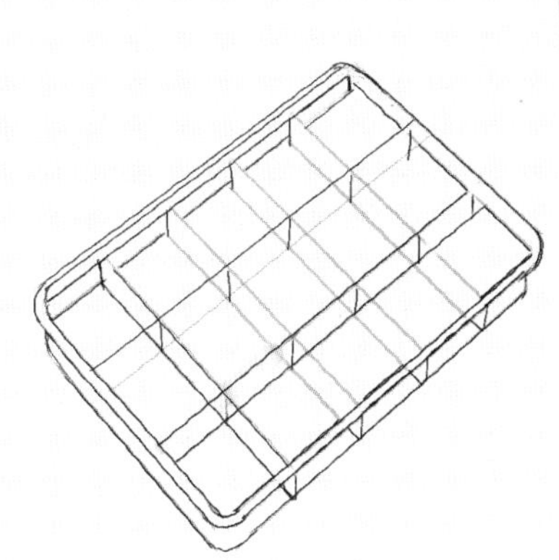

多格塑料盒

户外自然物收集神器，昆虫标本、叶片、种子、羽毛都能收集，一般16格左右即可。

放大镜

很多昆虫用肉眼看不到细节，可以带上放大镜。

赶海

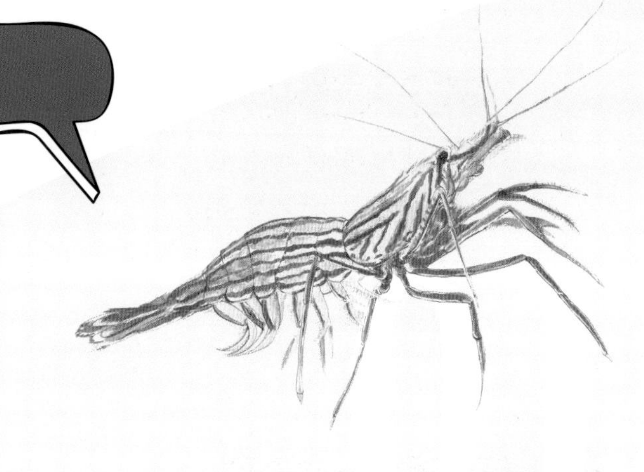

居住在海边的人们，根据潮涨潮落的规律，赶在潮落的时机，到海岸的滩涂和礁石上观察或采集海洋生物的过程，称为赶海。

水桶

为什么要把水桶放首位呢？因赶海能见到许多的生物，没东西装就不利于观察了，水桶是必备赶海工具之一。

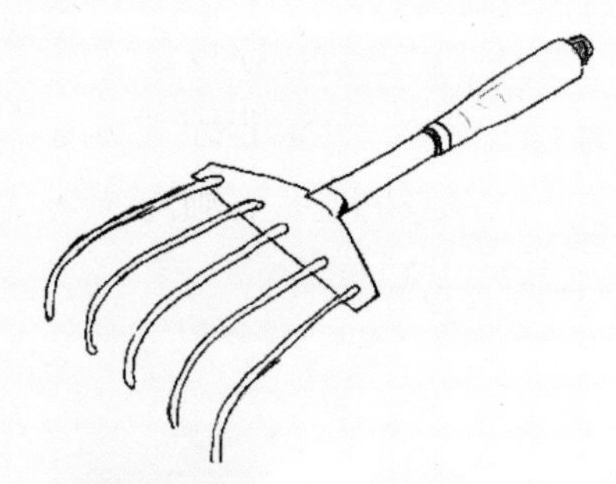

手套

赶海必须要戴手套，最好是棉线白手套。这样拿工具时可以防滑，也能避免被锋利的贝壳划破手或被螃蟹钳伤。

小耙子

这个工具一般是在沙滩上用得较多。很多贝类都是藏在沙下，就需要用小耙子把它们挖出来。

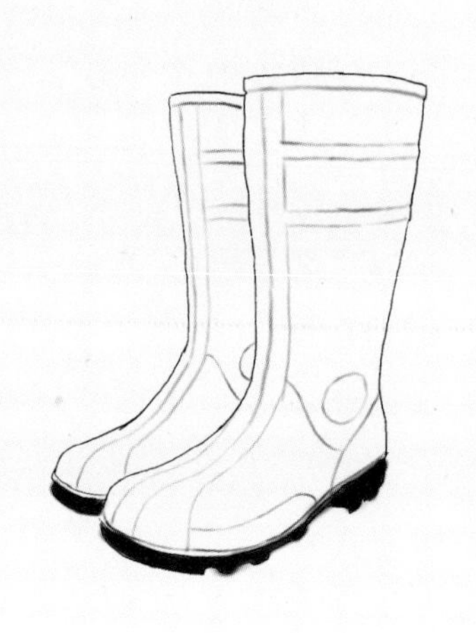

水鞋及防晒服

赶海不建议穿带孔的凉鞋，否则很容易被石头划伤，最好穿水鞋。白天赶海很容易被日照晒伤，穿一件包裹性好的皮肤衣非常重要。

手电筒、头灯

光源设备是夜晚赶海的必备工具。夜晚赶海建议佩戴头灯，这样才能解放双手。

赶海观察注意事项

潮汐预报与实际情况可能因天气等原因有所差别，请随时注意海水高度的变化，如果发现涨潮请及时离开。

注意你踩到的地方，这些地方可能会有锋利的岩石，被藻类覆盖的岩石或有锋利贝壳的动物，这可能会导致你受伤。

除非经过专业培训或有专业人士陪同，否则请勿直接接触海洋生物，有些生物可能有毒性或者会咬伤你。

保护我们的海洋朋友

潮间带栖息地非常脆弱，行走时尽量只踩在裸露的岩石上，避免踩到小动物或毁掉它们的家园。

观察完请将海洋生物放回原来的位置，请不要带走任何你收集到的小动物，比如螺或贝，这可能是一些小动物的家。观察完请将挪动过的岩石移回原来的位置。

溪流考察

溪流生物包括水生植物、水生鱼类和两栖动物，以下工具在花鸟市场都能买到。

01

小捞网

这个可以让孩子来用。一般是家长用抄网把水生生物捞到鱼篓或小桶中，孩子用小捞网捞出喜爱的，放在自己的观察盒里做观察。

02

抄网

用来捞水里的生物。抄网需要很大力气拖动，一定不要让孩子单独使用，只能家长使用，以免落水。

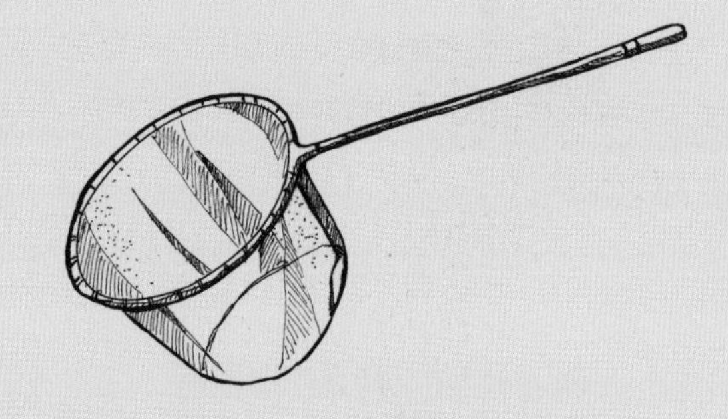

户外观察原则：为了保护生态环境，培养孩子关爱自然生物的爱心，有生命的昆虫、水生鱼类、两栖动物等，都请在观察后放归自然。

03

水生观察盒或小桶

XI LIU KAO C

制作自然笔记

大自然的美好，在于它是一个丰富多彩的世界，不论是小小的贝壳，还是形形色色的鸟类。当你用绘画或抒写文字的方式记录下探索自然的旅途及获得的无穷乐趣，并进行分享。这对增强大家热爱自然、保护环境的意识具有积极的意义。

绘画本

B5、32k、16k大小都可以，最好有绑带。

彩色铅笔

千万不要用水溶性的，需要买油性24色及以上的彩铅。

黑色水笔

用来记录观察地点、日期、气候等内容。

橡皮和卷笔刀

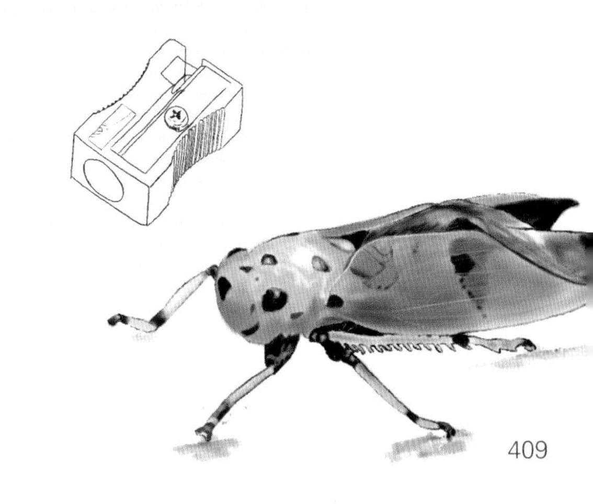